混凝土异形柱结构设计原理

王依群　主编

中国建筑工业出版社

图书在版编目（CIP）数据

混凝土异形柱结构设计原理/王依群主编．—北京：中国建筑工业出版社，2014.12
ISBN 978-7-112-17240-5

Ⅰ.①混… Ⅱ.①王… Ⅲ.①混凝土结构-异形柱-研究 Ⅳ.①TU375.3

中国版本图书馆 CIP 数据核字（2014）第 208227 号

本书介绍了钢筋混凝土异形柱结构在罕遇地震下的震害及实例的模拟分析和异形柱结构的新的研究成果。包括：如何更好地实现强柱弱梁、加强 T 形柱截面腹板凸出肢端配筋、异形柱的最小配筋率，在国家已淘汰 235MPa 级并更新为 300MPa 级钢筋和 500MPa 级钢筋条件下如何设计，工程中常遇到的 Z 形截面柱及其梁柱节点的设计，特别是 Z 形柱双向受剪如何计算，2010 国家标准背景下的异形柱框架结构房屋最大适用高度的研究、基底隔震设计等。书中还配有算例，可供从事设计和科学研究人员使用。

* * *

责任编辑：郭 栋 辛海丽
责任设计：张 虹
责任校对：李欣慰 张 颖

混凝土异形柱结构设计原理
王依群 主编
*
中国建筑工业出版社出版、发行（北京海淀三里河路 9 号）
各地新华书店、建筑书店经销
北京红光制版公司制版
北京市书林印刷有限公司印刷
*
开本：787×1092 毫米 1/16 印张：11¾ 字数：284 千字
2017 年 11 月第一版 2017 年 11 月第一次印刷
定价：**32.00 元**
ISBN 978-7-112-17240-5
（25998）

前　言

钢筋混凝土异形柱是指截面形状为 L 形、T 形、十字形和 Z 形的用钢筋混凝土制成的框架结构的柱，且截面各肢的肢长与其厚度之比不大于 4 的柱（简称异形柱）。钢筋混凝土异形柱结构（也简称为"混凝土异形柱结构"或"异形柱结构"）是指主要由异形柱（代替普通的矩形柱）组成的框架结构或与异形柱和混凝土剪力墙结合组成的框架－剪力墙结构。这种结构的优点是柱肢的厚度与填充墙的厚度相同，避免了框架柱在室内凸出，属于"隐性框架"，墙面平整美观且为使用带来便利。

国家为了保证异形柱结构健康、顺利地发展，颁发了多项指导性文件，并被列为住房和城乡建设部"十一五"科技攻关重点项目之一。部分省市相关部门投入了大量科研经费、许多科技人员在试验和研究的基础上，编制了不少于 10 个省级地方规程。行业标准《混凝土异形柱结构技术规程》JGJ 149 也于 2006 年颁布实施。

本书介绍我国《混凝土异形柱结构技术规程》2012 年征求意见稿大部分实用内容的研究背景和支撑材料。本书内容主要是作者及其多位硕士研究生的研究成果，部分是他人研究成果，这些他人的成果均是公开的资料，本书均给出了这些资料的原始出处，供喜好研究的读者深入阅读。考虑到已经出版的《混凝土异形柱结构技术规程（JGJ 149—2006）理解与应用》对原规程内容已有详细介绍，本书对这一部分介绍比较简单，只是为了方便让读者顺利地"承前启后"理解规程征求意见稿新增加内容，相关原有内容才有所介绍。

本书共 6 章。第 1 章介绍了汶川地震异形柱结构震害及模拟计算、强震的振动台试验和分析；第 2 章介绍了地震作用下有关异形柱结构整体性能，即强柱弱梁的研究；第 3 章介绍了异形柱构件层次的研究，诸如 T 形柱截面腹板凸出端增强配筋、异形柱纵筋最小配筋率、异形柱截面两肢长相对比例限制、Z 形截面柱正截面和斜截面承载力设计，填补了 Z 形柱斜向受剪设计规定的空白、使用新强度级别钢筋的异形柱延性性能和配筋要求；第 4 章是符合《建筑抗震设计规范》GB 50011—2010 要求的异形柱框架房屋适用高度的研究；第 5 章介绍了基底隔震异形柱房屋的研究；第 6 章介绍了异形柱框架－剪力墙结构的 Z 形柱及其节点计算。本书很多内容对矩形柱结构设计也有指导意义，供设计人员参考。

本书作者及其编写的章节如下：钱李义（第 1 章第 1 节、第 4 章），刘中吉（第 2 章、第 3 章第 1 节），严孝钦（第 3 章第 2 节），赵盼（第 4 章、第 5 章），其余由王依群编写并负责全书统稿。

感谢刘宜丰高工、翁大根博士提供的帮助。感谢众多参考文献的作者。

作者水平有限，书中如有疏漏、不足、甚至错误之处，恳请读者批评指正。

目　　录

第 1 章　异形柱结构震害、数值模拟和分析

1.1　异形柱结构震害

1.1.1　汶川地震中异形柱结构的表现

随着国家经济发展，政府关注民生，公民生活水平的提高，住宅产业化的推进，混凝土异形柱结构住宅还有一定的应用市场。特别是经历了 2008 年 5 月 12 日汶川大地震，强震区的几幢异形柱结构房屋表现良好[1~5]，弥补了异形柱房屋没经历过实际地震考验的缺憾。

1. 异形柱框架结构震后评估

在中国建筑科学研究院主编《2008 年汶川地震建筑震害图片集》[1]第 82 页介绍了都江堰市国堰宾馆副楼，见图 1.1-1、图 1.1-2。

(a)　　　　　　　　　　　　　　　　　(b)

图 1.1-1　国堰宾馆副楼
(a) 外观；(b) 侧面外观

坐落在四川省都江堰市的国堰宾馆的 7 层高异形柱框架结构平面如图 1.1-3 所示，2008 年汶川大地震前其设防烈度为 7 度（0.1g），Ⅱ类场地，抗震等级为三级，共 7 层，除第一层层高为 4.6m（由基础顶面算起），其余层层高均为 3.0m。其中梁和楼板的混凝土等级均为 C30，首层柱的混凝土等级为 C35，其他层柱的混凝土等级为 C30。梁柱纵筋为 HRB335，箍筋和楼板钢筋为 HPB235。梁柱纵筋保护层厚度均为 25mm。屋面和楼板均为现浇板，板厚 110mm。采用加气混凝土砌块填充墙。楼面活荷载为 $2.0kN/m^2$，屋面活荷载为 $0.5kN/m^2$。

中国建筑科学研究院主编《2008 年汶川地震建筑震害图片集》[1]第 82 页对该工程的震后评价是："都江堰市国堰宾馆副楼，7 层异形柱框架结构，建于 2008 年，框架轻微受损，围护墙开裂。"

德阳旌湖佳苑住宅区异形柱框架结构，以下全部是《来自汶川大地震亲历者的第一手

(a)　　　　　　　　　　　　　　　　　(b)

(c)　　　　　　　　　　　　　　　　　(d)

图 1.1-2　国堰宾馆副楼梁端开裂

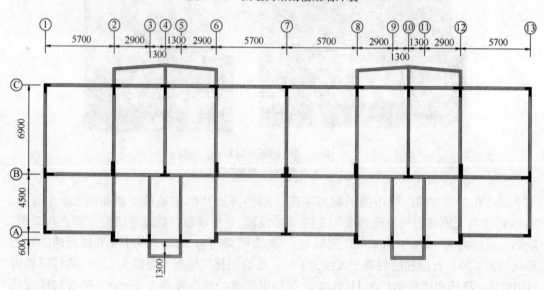

图 1.1-3　国堰宾馆副楼结构平面图

资料——结构工程师的视界与思考》[2] 的文字，不是本书作者的震灾评价。

　　"旌湖佳苑二期工程商住楼 2、3、4 栋为 5～7 层的全现浇钢筋混凝土异形柱框架结构，房屋总高度为 20.3m；建筑工程抗震设防类别为丙类，设计抗震设防烈度 6 度，框架抗震等级为三级；1、5～9 栋为 6 层砖混结构，房屋总高度为 18.6m，设计抗震设防烈度 6 度。于 1999 年设计。震害情况：基本完好。"见图 1.1-4。

图 1.1-4　旌湖佳苑二期工程商住楼

都市美丽风景异形柱框架地震表现，同上书第 300 页，以下全部是《来自汶川大地震亲历者的第一手资料——结构工程师的视界与思考》[2]的文字。

"都江堰都市美丽风景住宅小区工程由 18 栋仿欧风格住宅组成，总建筑面积约 6 万 m²，设计抗震设防烈度为 7 度，楼板均为现浇，采用砖混及异形柱框架结构。于 2005 年设计建造。震害情况：主体结构完好，仅少量填充墙损坏，属轻微损坏。"见图 1.1-5。

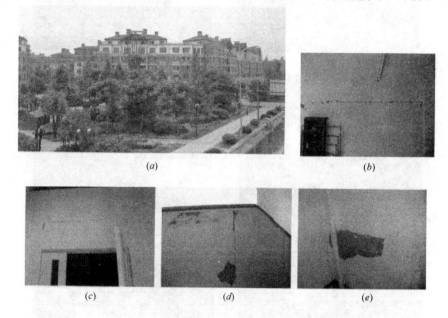

图 1.1-5　都市美丽风景住宅小区工程
(a) 小区远景；(b) 底层填充墙裂缝；(c) 单元门上部填充墙裂缝；
(d) 楼梯间填充墙裂缝；(e) 楼板间填充墙抹灰脱落

李英民，刘立平所著《汶川地震建筑震害与思考》[3]中介绍的"都江堰市都江之春小区"建筑 4 是矩形柱和异形柱混合承重结构，进深方向有错层（从右往左第 4 列柱处为错层位置），错层高差约 1.5m，错层处形成短柱。地震后短柱破坏严重，室内楼梯破坏严重。

本书作者认为：由于有错层，使得结构竖向严重不规则，所以地震时柱破坏严重，异形柱也是如此。虽然异形柱没设置在错层部位，但因为整个结构不规则，造成异形柱也受力复杂，柱根有所破坏。另外，该工程施工质量方面也有问题（图 1.1-6f、h）。希望异形柱结构不得采用错层结构，即使是矩形柱结构，也尽量不采用错层结构。

图 1.1-6 (h) 引自文献：清华大学、西南交通大学、北京交通大学土木工程结构专家组：汶川地震建筑震害分析[4]。由图估计是 T 形（或不等肢 L 形）截面角柱，截面尺

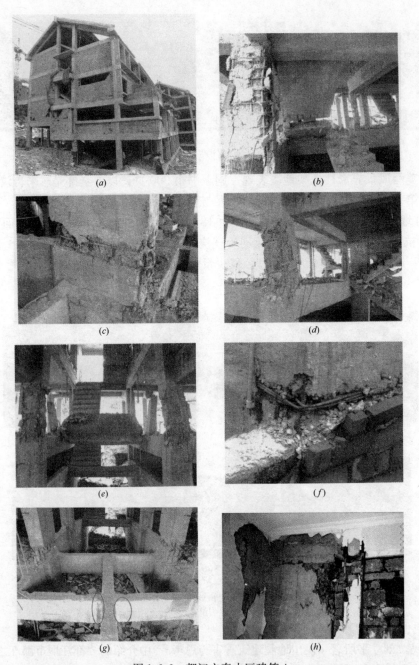

图 1.1-6 都江之春小区建筑 4

(a) 建筑 4 侧立面；(b) 端部破坏（左侧柱柱身破坏，纵筋屈曲，中间楼板折断，右远端柱身掏空）；
(c) 异形柱柱底破坏（混凝土剥落，纵筋向外鼓出）；(d) 短柱柱身及节点破坏；
(e) 楼梯间两侧短柱柱身及节点破坏；(f) 异形柱破坏（柱纵筋鼓出，原柱箍筋在施工中被压挤到一起）；
(g) 异形柱根部破坏，地梁中部竖向裂缝；(h) 异形柱端破坏

寸较大，看不清纵筋和箍筋，从掉落较多混凝土看，怀疑异形柱规程关于肢端纵筋最小配筋率 0.2％的要求和箍筋加密的要求未执行。

2. 都江堰市水都豪庭住宅小区异形柱框架结构

清华大学、西南交通大学、重庆大学、中国建筑西南设计研究院有限公司和北京市建

4

筑设计研究院联合编写《汶川地震建筑震害分析及设计对策》[5]第164～166页。

（1）工程概况

该钢筋混凝土异形柱框架结构住宅楼位于都江堰市，由10余栋3层联排多层别墅住宅组成，其约30000m²。隔墙为轻质空心砌块，隔墙与框架间未见锚固连接构造或拉结梁。

（2）震害情况

建筑外观破坏情况如图1.1-7（a）所示。填充墙严重破坏：梁下出现水平缝（图1.1-7b）；柱边出现竖向裂缝（图1.1-7f）；窗间和窗下出现X形裂缝（图1.1-7d）；门窗洞口附近严重开裂，随抹灰层脱落及局部坍塌（图1.1-7c）；外墙局部坍塌（图1.1-7c、f）。混凝土框架的部分构件端部开裂，但破坏并不严重（图1.1-7g）。

图1.1-7　都江堰市水都豪廷住宅小区异形柱框架结构

汶川地震中都江堰的遭遇烈度为8～9度，相当于设防烈度的大震或超过设防烈度大震。该建筑填充墙虽然震害严重，也零星局部坍塌，但不危及生命安全。由于楼层高度不大，主体框架结构震害较轻，实现了"大震不倒"的设计目标。

3. 异形柱框架-剪力墙结构震后评估

江油市（2001 建筑抗震设计规范定设防烈度为 7 度 0.1g，2010 抗震规范又改为 7 度 0.15g 设防）异形柱框架-剪力墙结构震害，引自冯远等《来自汶川大地震亲历者的第一手资料——结构工程师的视界与思考》[2]第 95 页。

江油市 11 层异形柱框架-剪力墙结构震后外观如图 1.1-8（a）所示，房屋内部填充墙沿梁柱边缘开裂，而结构构件未破坏（图 1.1-8b）。

(a)　　　　　　　　　　　　　　　　(b)

图 1.1-8　异形柱框架-剪力墙结构震后评估
(a) 江油市 11 层异形柱框架-剪力墙结构震后外观
(b) 内部填充墙沿梁柱边缘开裂，而结构构件未破坏

4. 小结

由于没见到高烈度区房屋震后状况调查统计报告，无从知道震害灾区共有多少栋异形柱结构房屋，未损坏的和损坏的各占多少。因以上单位或个人调查主要是以找最严重的房屋震害为目的，不是以查找无损坏房屋为目的，可能有未受损的异形柱结构房屋未见报道。但是，损坏最严重的异形柱结构房屋就是上述的几栋。这几栋房屋中，除都江堰市都江小区属于严重不规则（错层），且施工质量较差，震害相对严重些外，其余全为轻微受损或填充墙开裂，此次地震属超强地震（超过设防烈度近 1 度，如都江堰市设防烈度 7 度 0.1g，这次地震的地面加速度超过 220gal，即达到 8 度强），可见正常设计、正常施工的异形柱结构均达到了建筑抗震设计规范的"大震不倒"的要求，甚至达到了"大震可修"程度。

为什么不被多数人看好的混凝土异形柱房屋在大地震中有出人意料的好的表现？这绝不是灵异现象，是有其内在原因的。（1）异形柱结构是明显的梁铰破坏机制结构，民用住宅跨度小，梁截面尺寸和楼板厚度较小，而其竖向构件（异形柱）抗弯刚度比水平构件（梁板）抗弯刚度大，类似于框架-剪力墙结构，作为竖向构件的剪力墙比梁板的抗弯刚度就大很多，所以其震害就比矩形柱框架结构轻，只是异形柱结构的竖向和水平构件抗弯刚度相差的程度没框架-剪力墙那样显著。现行设计规范对竖向构件与水平构件的强度比有明确要求，而对二者间的刚度比则没有明确的要求，事实上，刚度大的构件才能做到强度大；（2）异形柱结构里面柱的轴压比控制严，异形柱规程规定的柱轴压比限值较小，因为异形柱结构是梁柱节点剪压比控制，使得实际结构中轴压比比异形柱规程规定的柱轴压比限值还小得多，柱不易出现小偏压破坏，柱的延性好；（3）异形柱结构用在住宅建筑中，其层高小，建筑规则性好，没有错层及其他复杂情况，民用住宅跨度小，梁截面尺寸和楼板厚度较小，而房屋自重也不很大。（4）异形柱结构框架节点均经过强度计算。针对框架节点强度是异形柱结构的薄弱环节，2004 年异形柱结构配筋软件 CRSC 就解决了框架节点强度计算问题，并提供该功能免费的版本给各设计单位使用，保证了异形柱结构的抗震安全性。以上特点决定了异形柱结构在适用范围内具有较好的抗震性能。

实践表明，异形柱结构抗震性能满足国家标准要求，社会对异形柱房屋有一定的需求。

1.1.2　国家新标准设计规范的要求

中国人口数量巨大，住房需求量巨大，建筑材料用量也巨大，产生了前所未有的自然资源消耗。为了可持续发展，国家适时提出了节能环保的要求。由此，新材料或高强度材料得到应用，新版国家标准混凝土结构设计规范已有体现，与异形柱结构相关的方面有：结构安全度提高，耐久性要求提高，防连续倒塌的要求，高强度钢筋的应用，改进了框架柱二阶效应的计算方法，并筋、钢筋锚固板、叠合楼板等新施工技术的实施。

2008 年汶川地震后，建筑抗震设计规范增大了关于强柱弱梁和强节点的内力调整系数，并规定结构设计时应计算梁侧与梁整体现浇楼板及其内部钢筋对框架梁抗弯能力的增强的作用。

为了与国家标准接轨，混凝土异形柱结构技术规程也进行了相应的修订。

1.2　数值模拟异形柱结构在地震中的表现

本节通过按 7 度（0.10g）设计建造，遭遇 8 度强（超过罕遇烈度）汶川强震作用下异形柱框架结构的表现，进行了分析和计算机仿真计算。

在中国建筑科学研究院主编《2008 年汶川地震建筑震害图片集》[1]第 82 页介绍了都江堰市国堰宾馆副楼"7 层异形柱框架结构，建于 2008 年，框架梁轻微受损，围护墙开裂。"见图 1.1-1、图 1.1-2。该建筑是依据 2006 年颁布实施《混凝土异形柱结构技术规程》JGJ 149—2006 设计的[6]。震前都江堰市设防烈度为 7 度（0.1g），这次地震都江堰市的地面加速度超过 200gal，即达到 8 度强。可见这座异形柱框架结构达到了"大震不倒"的要求。对于这个少有的"足尺试验"，我们一定要充分利用！经成都同行帮助，我们得到了该建筑的施工图，据此建立计算模型，利用与该地点不远处的地震记录波，计算了该建筑结构弹塑性地震响应。这里列出我们的详细输入数据和计算结果与大家共享，也为读者测试其他软件计算异形柱结构的弹塑性时程响应功能提供帮助。

1.2.1　房屋简况与震害

坐落在四川省都江堰市的国堰宾馆的 7 层高异形柱框架结构平面如图 1.1-3 所示，

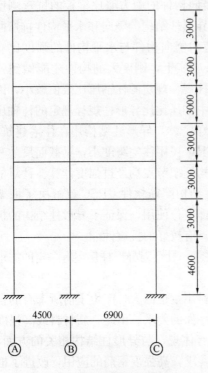

图 1.2-1　异形柱框架计算模型

2008 年汶川大地震前其设防烈度为 7 度（0.1g），Ⅱ类场地，抗震等级为二级，共 7 层，除第一层层高为 4.6m（由基础顶面算起），其余层高均为 3.0m。其中梁和楼板的混凝土等级均为 C30，首层柱的混凝土等级为 C35、其他层柱的混凝土等级为 C30。梁柱纵筋为 HRB335，箍筋和楼板钢筋为 HPB235。梁柱纵筋保护层厚度均为 25mm。屋面和楼板均为现浇板，板厚 110mm。采用加气混凝土砌块填充墙。楼面活荷载为 2.0kN/m²，屋面活荷载为 0.5kN/m²。根据施工图的构造作法计算出该结构重力荷载代表值见表 1.2-1。

各楼层重力荷载代表值 m_i　表 1.2-1

楼层	一	二～六	七
m_i（t/m²）	1.164	1.083	1.690

选取轴⑦一榀框架，简化为平面结构（图 1.2-1）进行弹塑性时程计算。图 1.2-1 中 A 轴柱编号为柱 A，B 轴柱编号为柱 B，C 轴柱编号为柱 C。

1.2.2　计算模型与模拟计算

从该工程施工图知三种异形柱的配筋见图 1.2-2，梁、柱受力纵筋见表 1.2-2。首层柱的混凝土弹性模量 E 为 $3.15 \times 10^7 \text{kN/m}^2$，二层及以上层柱和全部梁板的弹性模量 E 为 $3 \times 10^7 \text{kN/m}^2$。根据梁和柱的尺寸计算得到的截面积和惯性矩如表 1.2-3 所示。按高规的规定考虑了梁端与柱截面重叠区的刚臂，具体数值见下面给出的 NDAS2D 软件[7] 输入数据文件。

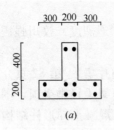 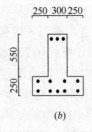 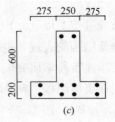

图 1.2-2　异形柱尺寸及配筋形式

(a) 柱 A；(b) 柱 B；(c) 柱 C

框 架 配 筋 结 果　表 1.2-2

位置	配筋	柱截面配筋率（%）	柱截面肢端配筋率（%）
T 形柱 A	10 ϕ 20	1.31	0.262
T 形柱 B	12 ϕ 20	1.03	0.256
T 形柱 C	10 ϕ 20	1.01	0.203

注：肢端指 T 形柱截面对称轴上凸出的肢端。配筋率均是相对混凝土全截面面积的。

截面类型	截面尺寸（mm）	截面面积（m²）	惯性矩（m⁴）
矩形梁（左侧）	200×450	0.180	0.00304
矩形梁（右侧）	200×600	0.240	0.00720
柱A	见图1.2-2a	0.240	0.00640
柱B	见图1.2-2b	0.365	0.01970
柱C	见图1.2-2c	0.310	0.01740

小震设计满足《混凝土异形柱结构技术规程》JGJ 149—2006 对 7 度（0.10g）地震设防的要求。

因楼板与梁是现场整体浇筑而成，平面模型的梁截面面积和惯性矩取为矩形梁肋的两倍，以考虑梁侧楼板刚度的贡献。为了使平面模型基本自振周期与空间结构的基本自振周期相等，又因该结构是按照 2001 年版抗震规范、2002 年版混凝土规范和 2006 年版异形柱规程设计的，我们用 2005 年版 PKPM 软件进行自振周期计算，算得结构的基本自振周期为 0.988s。

图 1.2-1 的计算模型，质量取自轴⑦左右各半跨范围内的质量。即由图 1.2-3 可算出轴⑦框架承担的荷载面积，再用其乘以表 1.2-1 各楼层的每平方米的重力荷载代表值，就得到各平面模型各楼层质量。如第一楼层为：$m = 11.4 \times 5.7 \times 1.164 = 75.64t$，二～六楼层 $m = 11.4 \times 5.7 \times 1.083 = 70.37t$，第七楼层 $m = 11.4 \times 5.7 \times 1.69 = 109.82t$；按照柱A、柱B、柱C各承担 20%、50%、30%分到三柱上。并根据平面模型的基本自振周期与三维模型基本自振周期相等，即同为 0.988s 略微调整质量数值。最终取平面框架第一层自左至右各节点的质量分别为 15.1t、37.8t、22.7t。二～六层自左至右各节点的质量分别为 14.1t、35.2t、21.1t。第七层自左至右各节点的质量分别为 22t、54.5t、32.5t。

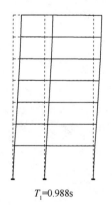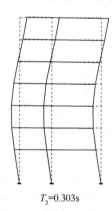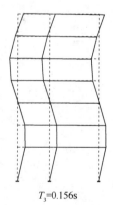

$T_1 = 0.988s$　　　　　　　$T_2 = 0.303s$　　　　　　　$T_3 = 0.156s$

图 1.2-3　平面模型的前三阶自振周期和振型

框架平面模型梁上荷载、柱上荷载取与质量相称的值，以考虑地震作用时梁、柱构件内力与实际情况相同。

取梁上均布荷载 25kN/m，则由此一层总均布荷载为 11.4m×25kN/m＝285kN，由此第一层左点集中荷载为 151kN－2.25×25≈95kN，中点 378－5.7m×25≈235kN，右点 227－3.45×25≈140kN。

相同方法得，第二～六层左点集中荷载为：85kN、中点 260kN、右点 125kN。

第三层左点集中荷载为：185kN、中点 340kN、右点 280kN。

用 NDAS2D 软件[7]计算得到平面模型的前三阶自振周期和振型如图 1.2-3 所示。

柱的 N-M 相关曲线用自编的 MyN 软件计算，其中材料强度取平均值，C35、C30 混凝土强度分别取为 f_c = 32、28N/mm²，纵筋强度为 382N/mm²。梁柱单元的屈服面代码为 3 时，NDAS2D 软件采取简化的屈服面 M-N 关系曲线如图 1.2-5 所示，相应的特征点数据见表 1.2-4。由于当屈服面代码＝3 时，屈服面 M-N 关系曲线形状采用的折线形式，与屈服面真实的 M-N 关系曲线相比存在相当大的误差，见图 1.2-6。我们修改软件 NDAS2D，纳入三次曲线拟合屈服曲线，约定为屈服面代码＝4。屈服面代码＝4 时正负屈服弯矩 M_y 随压力 P 的变化用三次多项式拟合：

$$M_y^+ = a + bP + cP^2 + dP^3 ; \quad M_y^- = e + fP + gP^2 + hP^3 \qquad (1.2-1)$$

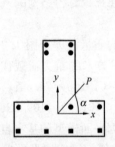

图 1.2-4　弯矩作用方向角

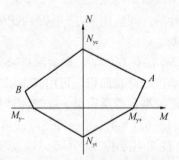

图 1.2-5　M-N 相关曲线

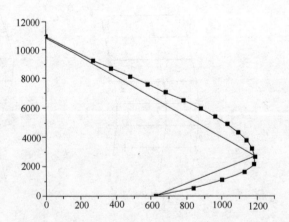

图 1.2-6　屈服面形状采用不同曲线形式比较

这里采用三次曲线拟合屈服曲线进行计算，通过笔者编制的 MyN 软件计算得出的轴压力和弯矩数值，用三次多项式拟合后得到的梁柱单元在屈服面＝4 时的特性点及多项式系数见表 1.2-5。偏拉段仍用直线拟合。

式（1.2-1）和表 1.2-5 中 M_y^+、M_y^- 分别是图 1.2-4 中 T 形截面弯矩作用方向角 α 分别为 90°、270°时的受弯承载力值。

MyN 软件的计算结果见图 1.2-7～图 1.2-12，其中纵筋保护层厚度取值按《混凝土异形柱结构技术规程》JGJ 149—2006 规定执行。

截面	混凝土强度	纵筋	M_y^+ (kN·m)	M_y^- (kN·m)	N_{yc} (kN)	N_{yt} (kN)	M_A/M_y^+	N_A/N_{yc}	M_B/M_y^-	N_B/N_{yc}
柱 A	C35	10 Φ 20	429.7	−198.8	8880.1	1200.1	1.471	0.150	3.426	0.650
柱 A	C30	10 Φ 20	423.9	−197.7	7920.1	1200.1	1.366	0.150	3.127	0.650
柱 B	C35	12 Φ 20	754.9	−364.6	12888.1	1560.1	1.870	0.250	4.100	0.600
柱 B	C30	12 Φ 20	751.9	−362.3	11472.1	1560.1	1.694	0.250	3.740	0.600
柱 C	C35	10 Φ 20	624.5	−231.8	10928.1	1200.1	1.905	0.250	5.540	0.600
柱 C	C30	10 Φ 20	621.8	−229.8	9712.1	1200.1	1.724	0.200	5.050	0.600

　　因软件钢筋布置的原因，在不影响基本性能情况下，对柱 B 配筋位置有所简化，具体及其结果如图 1.2-9、图 1.2-10 所示。

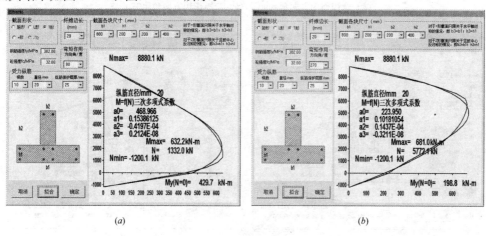

(a)　　　　　　　　　　　　　　　(b)

图 1.2-7　首层柱 A 屈服特性计算及结果

（a）弯矩作用方向角＝90°；（b）弯矩作用方向角＝270°

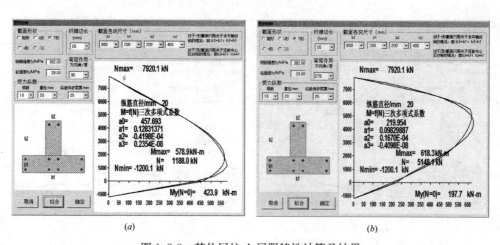

(a)　　　　　　　　　　　　　　　(b)

图 1.2-8　其他层柱 A 屈服特性计算及结果

（a）弯矩作用方向角＝90°；（b）弯矩作用方向角＝270°

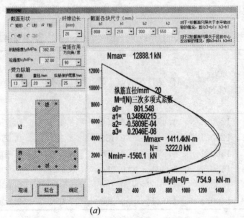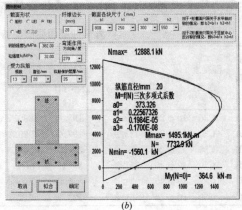

图 1.2-9　首层柱 B 屈服特性计算及结果

(a) 弯矩作用方向角＝90°；(b) 弯矩作用方向角＝270°

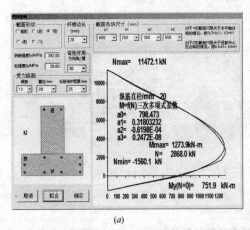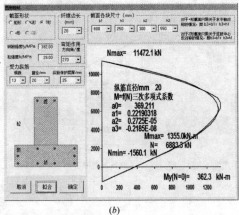

图 1.2-10　其他层柱 B 屈服特性计算及结果

(a) 弯矩作用方向角＝90°；(b) 弯矩作用方向角＝270°

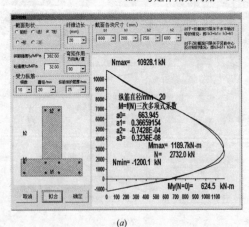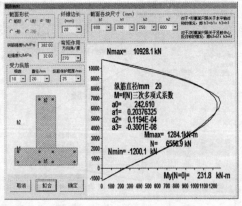

图 1.2-11　首层柱 C 屈服特性计算及结果

(a) 弯矩作用方向角＝90°；(b) 弯矩作用方向角＝270°

柱截面 M-N 屈服面的拟合三次多项式数据，见表 1.2-5。

异形柱截面屈服面特性（屈服面代码＝4）　　　　　　　　　　表 1.2-5

编号	截面	混凝土强度	系数 a	系数 b	系数 c	系数 d	系数 e	系数 f	系数 g	系数 h	受拉屈服力 P_{yt} (kN)
1	柱 A	C35	469.0	0.154	−4.20E-5	2.12E-9	224.0	0.102	1.44E-5	−3.21E-9	1200.1
3	柱 A	C30	457.7	0.128	−4.20E-5	2.35E-9	220.0	0.098	1.67E-5	−4.10E-9	1200.1
5	柱 B	C35	801.5	0.349	−5.81E-5	2.05E-9	373.7	0.226	1.99E-6	−1.70E-9	1560.1
7	柱 B	C30	798.4	0.318	−6.20E-5	2.47E-9	369.2	0.222	2.73E-6	−2.19E-9	1560.1
9	柱 C	C35	663.9	0.367	−7.43E-5	3.24E-9	242.6	0.204	1.20E-5	−3.00E-9	1200.1
11	柱 C	C30	662.0	0.335	−7.97E-5	3.95E-9	239.7	0.200	1.43E-5	−3.88E-9	1200.1
(9)	柱 C	C35	555.0	0.432	−7.82E-5	3.14E-9	348.0	0.247	−2.11E-6	−2.19E-9	1166.5
(11)	柱 C	C30	556.5	0.411	−8.53E-5	3.86E-9	345.0	0.249	−3.73E-6	−2.71E-9	1166.5

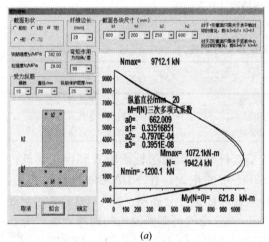 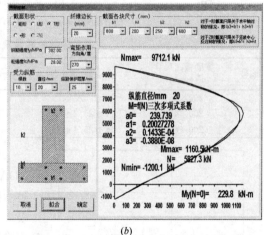

(a)　　　　　　　　　　(b)

图 1.2-12　其他层柱 C 屈服特性计算及结果

(a) 弯矩作用方向角＝90°；(b) 弯矩作用方向角＝270°

梁截面的屈服弯矩用 RCM 软件[8]计算，其中材料强度取平均值，混凝土强度为 28N/mm²，梁筋强度为 382N/mm²，板筋强度为 276N/mm²，板上筋、板下筋直径 8mm，间距 140mm，即 $\phi8@140$，实配 359.3mm²/m。由最小配筋率 $45f_t/f_y=45×1.43/210=0.306\%>0.2\%$。计算出单位宽度楼板配筋面积至少为：$0.306\%×1000×110=337.1$ mm²/m，可见板配筋满足规范要求。

RCM 软件计算梁及梁侧 12 倍板厚有效宽度楼板及其内钢筋的抗弯承载力输入数据和计算结果见图 1.2-13。

通过 RCM 软件得到梁及梁侧 12 倍板厚有效宽度楼板及其内钢筋的抗弯承载力见表 1.2-6。

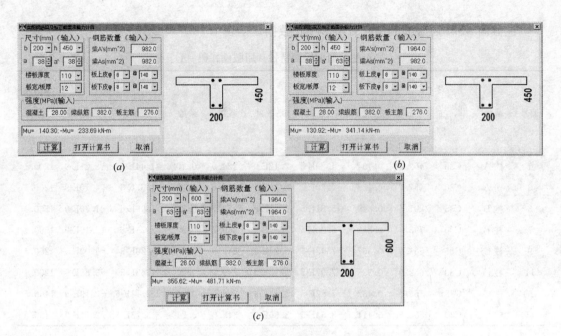

图 1.2-13　框架梁屈服特性计算及结果

(a) 左梁左端截面；(b) 左梁右端截面；(c) 右梁左、右端截面

不同梁端配筋量及其梁端受弯承载力　　　　　　　　表 1.2-6

编号	梁肋截面尺寸（mm²）	梁上筋/梁下筋	A'_s（mm²）/A_s（mm²）	M^-（kN·m）/M^+（kN·m）
1	200×450	2 Φ 25/2 Φ 25	982/982	233.7 / 140.3
2	200×450	4 Φ 25/2 Φ 25	1964/982	341.1 / 130.9
3	200×600	4 Φ 25/4 Φ 25	1964/1964	481.7 / 355.6

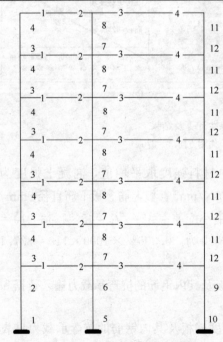

图 1.2-14　杆端截面屈服面编号

为检查杆端截面屈服性质输入到弹塑性软件 NDAS2D[7] 中的正误，在 NDAS2D 数据检查后，显示杆端屈服面编号分布图（图 1.2-14），再对照表 1.2-5、表 1.2-6 可判断输入的屈服面编号分布正确与否。注意，由于 NDAS2D 对 ITYP＝2 或 5 单元杆件两端弯矩正负号相反的约定[7]，所以表 1.2-5 中只给出了杆 i 端（杆件编排开始端）的屈服弯矩，当杆件两端配筋相同的情况下，杆 j 端屈服弯矩与杆 i 端的屈服弯矩值相同，当换了正负号，对柱来讲，只需将表 1.2-5 中奇数编号的系数 $e\sim h$ 与系数 $a\sim d$ 对调即可得到杆件 j 端的屈服面数据（偶数编号屈服面）。梁端屈服面编号 4 为表 1.2-6 中编号 3 的正负弯矩对调即可，因梁两端纵筋配置相同。详见本章后面 NDAS2D 的输入数据文件。输入数据后，可使用 NDAS2D 软件的显示杆端截面屈服面编号的功能（图 1.2-14），检查输入数据的正确与否。

14

1.2.3 弹塑性动力时程分析

本算例采用平面结构弹塑性地震响应分析软件 NDAS2D，输入理县木卡（经 103.3 纬 31.6，20080512，东西向）记录的地震波（图 1.2-15），最大加速度幅值 320gal，超过 8 度（0.3g）。理县木卡地震台站较都江堰（经 103.62 纬 31.0，两地相距约 100km）更接近震中，即该地震波加速度值比都江堰的加速度值更大些，远超 8 度强的估计值。计算都江堰建筑物地震响应时，调小该波的幅值，详见下面介绍。

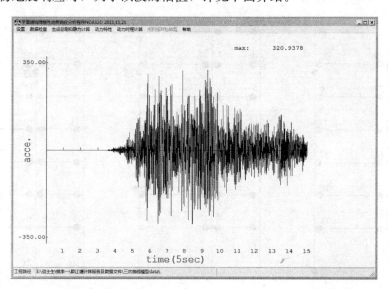

图 1.2-15　汶川理县木卡 2008 年 5 月 12 日记录的前 75s 地震波（东西向）（cm/s²）

使用 SeismoSignal 软件得到该地震波的反应谱曲线如图 1.2-16 所示。由此可见该地

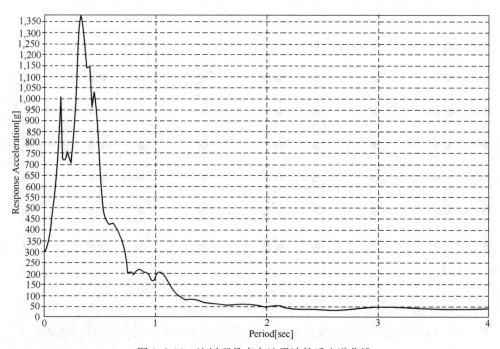

图 1.2-16　汶川理县木卡地震波的反应谱曲线

震波的卓越周期在 0.4s 左右。

按估计的 5·12 都江堰大致的地震强度将理县地震波幅值调到 220gal、250gal、280gal 在结构基底输入，对该实际工程分别计算了柱单元屈服面代码为 3 和 4 的计算模型。其中，柱单元屈服面代码为 3 的计算结果，塑性铰出现的位置及顺序如图 1.2-17 所示；柱单元屈服面代码为 4 的计算结果，塑性铰出现的位置及顺序如图 1.2-18 所示。两种柱单元屈服面代码计算结果的楼层层间最大位移角如图 1.2-19 所示。

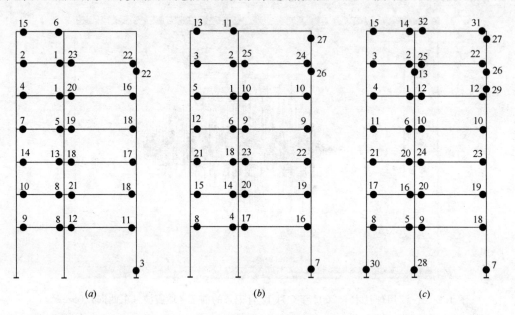

图 1.2-17　柱单元屈服面代码 3 地震波加速度最大幅值不同时得到塑性铰出现位置及顺序图
(a) 220gal；(b) 250gal；(c) 280gal

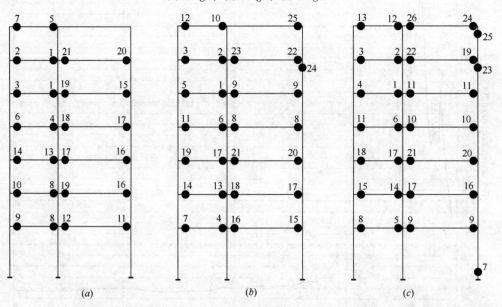

图 1.2-18　柱单元屈服面代码 4 地震波加速度最大幅值不同时得到塑性铰出现位置及顺序图
(a) 220gal；(b) 250gal；(c) 280gal

16

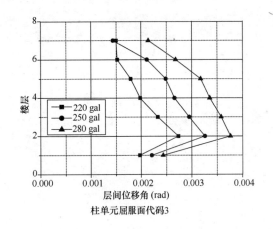

柱单元屈服面代码3

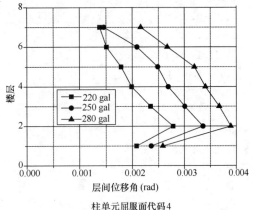

柱单元屈服面代码4

图 1.2-19　两种柱单元屈服面代码计算结果的楼层层间最大位移角

地震波作用下的最大层间位移角（rad）　　　　　　　表 1.2-7

地震波最大幅值	220gal	250gal	280gal
柱单元屈服面代码3	0.00274（1/366）	0.00326（1/307）	0.00376（1/266）
柱单元屈服面代码4	0.00278（1/359）	0.00336（1/298）	0.00390（1/257）

层间位移角最大值出现在第 2 层，这与第 2 层受到的约束不如首层受到的固定端约束强，也与第 2 层混凝土强度等级比首层混凝土强度等级减小有关。

1.2.4　计算结果分析

比较图 1.2-18 与图 1.2-17 可见，使用三次多项式描述柱截面 N-M 屈服曲线的计算结果柱上塑性铰出现较少，结果更接近实际震害。这在理论上也是更正确的，因为三次曲线拟合 N-M 曲线比二折线拟合 N-M 曲线准确性要高出很多。所以，下面我们只分析用三次多项式描述柱截面 N-M 屈服面的计算结果。

由实际震害调查报告，框架多处梁端出现了塑性铰，柱端未见塑性铰出现。对照图 1.2-18，当输入的地震波加速度幅值小于 250gal，约为 220gal 时的计算结果与震害报告描述一致，220gal 正符合地震后对该地点烈度为 8 度强的评估值。因此，说明本节计算结果仿真程度相当高，完美地再现了实际建筑震害。也表明计算模型选取正确，计算软件 NDAS2D 准确可靠。

从震害报告描述，结构多处梁端出现塑性铰、柱端未出现塑性铰，和从图 1.2-18 计算结果可见该异形柱结构是较为理想的梁铰破坏机制。

由于我们疏忽，在 2013 年 6 期工程抗震与加固改造上发表的文章"异形柱框架结构震害仿真与分析"中将 C35 的底层柱与 C30 的上层柱屈服数据颠倒了，致使计算结果中底层柱过早地出现塑性铰。

为了让有兴趣的读者复核该工程的计算结果，列出 NDAS2D 的输入文件 data. n2d 内容如下，对照 NDAS2D 软件使用手册[7]阅读，可知晓各数据的意义，也为使用其他软件计算提供了基础数据，NDAS2D 软件可到网站 http：//www. kingofjudge. com 下载。

国堰宾馆

24，2

```
COOR
1, 0, 0, 0
2, 4.5, 0, 0
3, 11.4, 0, 0
4, 0, 4.6, 3
22, 0, 22.6, 0
0/
stor
1, 2, 7, 1, 3
0/
0/
NQDP
1, 333, 1
5, 211, 1
24, 211, 0
4, 111, 3
22, 111, 0
0/
MAST
5, 6, 1, 4
0/
stor
5, 1, 6, 1, 3
0/
0/
SORT
0
MASS
4, 4, 1, 15.1, 15.1, 0
5, 5, 1, 37.8, 37.8, 0
6, 6, 1, 22.7, 22.7, 0
7, 19, 3, 14.1, 14.1, 0
8, 20, 3, 35.2, 35.2, 0
9, 21, 3, 21.1, 21.1, 0
22, 22, 1, 22.0, 22.0, 0
23, 23, 1, 54.5, 54.5, 0
24, 24, 1, 32.5, 32.5, 0
0/
EIGE
4, 0.0001
DAMP
0.486645, 0, 0.36921e-02
ELEM
```

```
2
1, 3.15E7, 0.005, 0.240, 0.0064, 4, 4, 2, 0, 0.2
2,   3E7, 0.005, 0.240, 0.0064, 4, 4, 2, 0, 0.2
3, 3.15E7, 0.005, 0.365, 0.0197, 4, 4, 2, 0, 0.2
4,   3E7, 0.005, 0.365, 0.0197, 4, 4, 2, 0, 0.2
5, 3.15E7, 0.005, 0.310, 0.0174, 4, 4, 2, 0, 0.2
6,   3E7, 0.005, 0.310, 0.0174, 4, 4, 2, 0, 0.2
0/
0/
1, 4, 469.0, 0.154, −4.20E-5, 2.12E-9, 224.0, 0.102, 1.44E-5, −3.21E-9, −1200.1
2, 4, 224.0, 0.102, 1.44E-5, −3.21E-9, 469.0, 0.154, −4.20E-5, 2.12E-9, −1200.1
3, 4, 457.7, 0.128, −4.20E-5, 2.35E-9, 220.0, 0.098, 1.67E-5, −4.10E-9, −1200.1
4, 4, 220.0, 0.098, 1.67E-5, −4.10E-9, 457.7, 0.128, −4.20E-5, 2.35E-9, −1200.1
5, 4, 801.5, 0.349, −5.81E-5, 2.05E-9, 373.7, 0.226, 1.99E-6, −1.70E-9, −1560.1
6, 4, 373.7, 0.226, 1.99E-6, −1.70E-9, 801.5, 0.349, −5.81E-5, 2.05E-9, −1560.1
7, 4, 798.4, 0.318, −6.20E-5, 2.47E-9, 369.2, 0.222, 2.73E-6, −2.19E-9, −1560.1
8, 4, 369.2, 0.222, 2.73E-6, −2.19E-9, 798.4, 0.318, −6.20E-5, 2.47E-9, −1560.1
9, 4, 663.9, 0.367, −7.43e−5, 3.24E-9, 242.6, 0.204, 1.20E-5, −3.00E-9, −1200.1
10, 4, 242.6, 0.204, 1.20E-5, −3.00E-9, 663.9, 0.367, −7.43e−5, 3.24E-9, −1200.1
11, 4, 662.0, 0.335, −7.97E-5, 3.95E-9, 239.7, 0.200, 1.43E-5, −3.88E-9, −1200.1
12, 4, 239.7, 0.200, 1.43E-5, −3.88E-9, 662.0, 0.335, −7.97E-5, 3.95E-9, −1200.1
0/
0/
1, 1, 4, 3, 1, 0, 1, 2, 1, 0, 0, 0
2, 4, 7, 3, 2, 0, 3, 4, 1, 0, 0, 0
8, 2, 5, 3, 3, 0, 5, 6, 1, 0, 0, 0
9, 5, 8, 3, 4, 0, 7, 8, 1, 0, 0, 0
15, 3, 6, 3, 5, 0, 10, 9, 1, 0, 0, 0
16, 6, 9, 3, 6, 0, 12, 11, 1, 0, 0, 0
21, 21, 24, 3, 6, 0, 12, 11, 1, 1, 0, 0
0/
5
1, 3E7, 0.005, 0.18, 3.04E-3, 4, 4, 2, 0, 0.2
2, 3E7, 0.005, 0.24, 7.2E-3, 4, 4, 2, 0, 0.2
0/
1, 0.288,     0, 0, 0
2, 0.344, −0.356, 0, 0
0/
1, 233.7, −140.3
2, 130.9, −341.1
3, 481.7, −355.6
4, 355.6, −481.7
0/
```

0/

1, 4, 5, 3, 1, 1, 1, 2, 1, 1, 0, 0

8, 5, 6, 3, 2, 2, 3, 4, 1, 0, 0, 0

14, 23, 24, 1, 2, 2, 3, 4, 1, 0, 0, 0

0/

LOAD

2

0

4, 4, 1, 0, −218, 0

5, 5, 1, 0, −550, 0

6, 6, 1, 0, −335, 0

7, 19, 3, 0, −200, 0

8, 20, 3, 0, −500, 0

9, 21, 3, 0, −300, 0

22, 22, 1, 0, −200, 0

23, 23, 1, 0, −500, 0

24, 24, 1, 0, −300, 0

0/

2

2, 1, 7, 1, −25, 4.5

2, 8, 14, 1, −25, 6.9

0/

1, 1

0/

EQRA

1, 15700, −15700, 0.005, 0.0077897, 0, 0 ! 250 伽

051LXM080512142801

0080512142804 08−05−12 14−28−04 BTM

WENCHUAN EARTHQUAKE, SICHUAN, CHN

EPICENTER 31.000N 103.400E DEPTH 14 KM

MAGNITUDE 8.0 (Ms)

CODE OF STATION: 051LXM

SITE CONDITION: SOIL

INSTRUMENT TYPE: ETNA

OBSERVING POINT: GROUND

COMP. EW

UNCORRECTED ACCCELERATION   UNIT: CM/SEC/SEC

NO. OF POINTS: 60000   EQUALLY SPACED INTERVALS OF: 0.005   SEC

PEAK VALUE: 320.938   AT   48.6 SEC   DURATION: 300 SEC

PRE-EVENT TIME: 20 SEC

CSMNC

EQAX   051LXM

 −5.261158E-001   −5.256485E-001   −5.167696E-001   −5.181715E-001   −5.111617E-001

−5.242459E-001　−5.410691E-001　−5.499478E-001 以下地震波数据略。

当柱截面屈服代码为 3 时相应的部分数据如下：

1, 3, 429.7, −198.8, 8880.1, 1200.1, 1.471, 0.15, 3.426, 0.65

2, 3, 198.8, −429.7, 8880.1, 1200.1, 3.426, 0.65, 1.471, 0.15

3, 3, 423.9, −197.7, 7920.1, 1200.1, 1.366, 0.15, 3.127, 0.65

4, 3, 197.7, −423.9, 7920.1, 1200.1, 3.127, 0.65, 1.366, 0.15

5, 3, 754.9, −364.6, 12888.1, 1560.1, 1.870, 0.25, 4.100, 0.60

6, 3, 364.6, −754.9, 12888.1, 1560.1, 4.100, 0.60, 1.870, 0.25

7, 3, 751.9, −362.3, 11472.1, 1560.1, 1.694, 0.25, 3.741, 0.60

8, 3, 362.3, −751.9, 11472.1, 1560.1, 3.741, 0.60, 1.694, 0.25

9, 3, 624.5, −231.8, 10928.1, 1200.1, 1.905, 0.25, 5.540, 0.60

10, 3, 231.8, −624.5, 10928.1, 1200.1, 5.540, 0.60, 1.905, 0.25

11, 3, 621.8, −229.8, 9712.1, 1200.1, 1.724, 0.20, 5.050, 0.60

12, 3, 229.8, −621.8, 9712.1, 1200.1, 5.050, 0.60, 1.724, 0.20

替换上面相应数据，即可得到柱截面屈服面代码为 3 时的完整结构输入数据文件。

1.3　8 度区异形柱框架结构的振动台试验

为深入研究异形柱框架结构的抗震性能，探讨其在高烈度地震区的适用性，以 8 度区Ⅲ类场地为背景，综合考虑实际工程情况和模型试验的可行性等因素，昆明理工大学等单位设计了一个 6 层的异形柱框架结构为原型。按照加速度相似系数等于 1 和"用人工质量模拟的弹塑性模型"的要求，采用微粒混凝土制作了 1/6 比例的试验模型，进行了振动台试验，研究了设计计算方法的适用性、结构的总体抗震性能和破坏机制[9]。根据设计计算的结果、试验中观察到的现象以及对试验结果的分析，在指出该种体系具有易于满足位移要求、在大震中以梁铰机制为主等优点的同时，也指出了其在高烈度区应用的重点问题是节点承载力。

在对构件和简化模型的静力和拟动力试验的基础上，前些年来国内开展的一些结构整体模型试验特别是地震模拟振动台试验（其中有 7 层[10]、9 层[11]、12 层[12]等），为规程的编制提供了基础性资料，特别是在结构整体抗震性能分析（如位移指标、破坏机制）、构件和节点抗震构造措施的适用性、结构概念设计、轴压比限值等方面具有较好的参考价值。这些试验均以 7 度地震设防区作为研究背景，而以 8 度区作为试验背景的研究尚未见报道。为了进一步掌握这种结构在高烈度地震区的适用性，由昆明市建设局、昆明理工大学、天津大学、同济大学完成了 8 度区异形柱结构的振动台试验研究，包括一个 6 层框架（1/6 比例）和一个 10 层框架剪力墙（1/8 比例）。本章介绍 2003 年 11 月完成的 6 层框架结构的整体模型试验，并进行分析。

1.3.1　试验概况

1.3.1.1　原型结构设计

考虑到本次试验的目的是检验异形柱框架结构在达到预定的高度和层数后的抗震性能，并与前期的一些理论分析进行对比，因此在试验结构的设计上不宜做得过于复杂，以免一些其他的因素在试验中有大的影响。原型结构从一批已建工程中经过选择和简化，确定了如图 1.3-1 所示的平面布置（水平向为 X 向）。

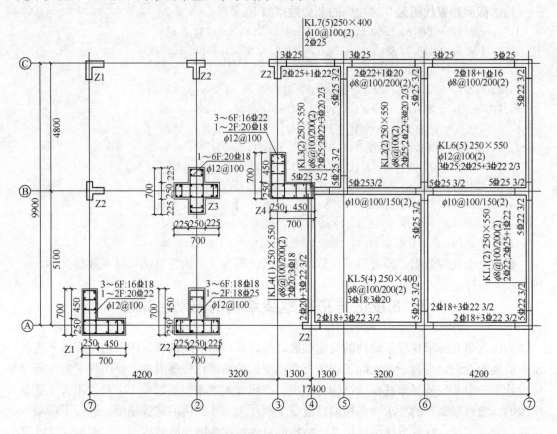

图 1.3-1　试验结构平面布置、柱配筋、1~3 层梁配筋

结构中包含了 L 形、T 形和十字形柱，且各种柱的数量比例与实际工程基本一致。

试验原型结构的设计软件采用 PKPM 系列中的 TAT、SATWE（2003 年 4 月版）和异形柱结构专用软件 CRSC（含 RC Joint）[13]。设计基本参数：丙类建筑，6 层，层高 3m；8 度（0.20g）2 组，Ⅲ 类场地，2 级框架；考虑耦联，振型数 18，周期折减系数 0.7；混凝土设计强度等级柱为 C45，梁、板为 C30，主筋 HRB400，箍筋 HPB235；柱按双向偏压计算；配筋归并系数 0.25；荷载按住宅考虑，所有荷载按建筑面积平均约为 15kN/m²。

设计计算的主要结果：前 3 阶自振周期分别为 0.5827s（X 向平动）、0.5713s（Y 向平动）、0.5130s（扭转）；小震下 X 向和 Y 向底部剪力（CQC）为 13% 左右；最大层间位移角为 1/750~1/650（2 层和 3 层）；柱子的纵筋配筋率为 1.4%~3.1%，梁的纵筋配筋率为 0.6%~1.8%；大震下层间位移角为 1/43~1/38（2 层和 3 层），后采用 TAT 计算，最大弹塑性位移角为 1/53。在实际工程中，8 度区的这种层数和柱子密度的框架结构是不太容易满足位移要求的，这里也可以看到异形柱截面惯性矩大的特点。另外，注意到异形柱结构节点核心区较小的特点，应对其受剪承载力进行认真的验算。CRSC 或 RC Joint 软件能够正确地选择不利的内力组合对节点进行验算，在设计中，虽然对节点采用了较高的混凝土强度等级，受剪承载力在 3 层以下的节点尚不完全满足《混凝土异形柱结构技术规程》JGJ 149—2006[6] 的要求。

1.3.1.2　模型相似关系

在进行试验模型设计时，考虑重力加速度 g 的影响，尽量使模型满足"用人工质量模拟的弹塑性模型"。具体方法是调整几何相似系数 S_l、质量密度相似系数 S_ρ、强度相似系数 S_σ 的大小，使加速度相似系数 S_a 等于1。

若满足加速度相似系数等于1，可在模型中充分考虑竖向荷载的作用，实现竖向荷载下模型结构中"应力与材料强度的比值"和原型结构保持一致，有利于实现完全相似动力模型，实现模型与原型开裂的相似性。

1.3.1.3　模型制作

为了保证结构模型较好地模拟实际结构的抗震性能，结构模型在设计与施工过程中，尽可能地与原结构形式保持一致。模型材料选用微粒混凝土模拟原型结构的混凝土材料，镀锌铁丝替代原型结构的钢筋。微粒混凝土的施工方法、浇捣方式和养护条件都与普通混凝土相同，与普通混凝土材性相似，和原型混凝土一样具有几级连续级配，不同粒径的砂砾占有其相应的比例，其力学性能和级配与原型混凝土具有较好的相似性。微粒混凝土模型进行试验时可以做到模型从开裂至破坏阶段，具有试验现象比较直观的优点。考虑到镀锌铁丝与混凝土的粘结锚固性能和变形钢筋与混凝土的粘结锚固性能相比稍差的特点，加强了铁丝在混凝土中的锚固措施。

各结构构件的几何尺寸和配筋均由相似关系计算得出。板中配筋采用焊接铁丝网；梁柱中纵向钢筋和箍筋均采用铁丝。在模型制作中，为方便施工，梁、板混凝土强度均按C45考虑，通过最终测得的试块强度（各层试块抗压强度均值为 6.9N/mm^2），确定其相似关系为 1/6，并据此计算所需的附加质量。柱模采用木模板，梁、板则采用泡沫塑料作为模板。泡沫塑料易于成型，便于做出各种形状、组合成整体和拆模，即使局部不能拆除，对模型的刚度和质量影响也很小。将泡沫塑料切割成一定形状，形成构建所需的空间，布置绑扎好配筋后进行浇筑，边浇边振捣密实。微粒混凝土每搅拌一次浇筑一层，待形成强度后安置上一层模板及配筋，重复以上步骤，直至模型全部浇筑完成（图 1.3-2）。模型总高度 3300mm，其中模型本身高 3000mm，计 6 层，每层高 500mm，模

图 1.3-2　制作完成的模型

型底座厚 300mm。模型总质量为 12t，其中模型和附加质量 7.5t，底座质量 4.5t。

1.3.1.4　试验设备、仪器与测点布置

在结构的每层均布置相应的传感器。应变测点分布在框架柱上，用于监测其在各种工况下的应力变化情况。本试验在结构模型上布置了 12 个应变片，其中 9 个竖向贴在底层 7 根不同类别柱的柱脚上方距柱脚 50mm 处。位移传感器布置了 6 个，用于检验屋顶层 X 向和 Y 向的位移、4 层 X 向和 Y 向的位移以及底层 X 向和 Y 向的位移。加速度

传感器共布置 15 个：顶层 X 向布置两个，Y 向布置一个，以下各层 X 向和 Y 向各布置一个。

选定 3 条地震波作为振动台台面输入，分别是 El Centro 波（1940 年 5 月 18 日美国帝国山谷地震）、Taft 波（1952 年 7 月 21 日美国加利福尼亚地震）、人工拟合波（按抗震设计规范Ⅲ类场地、8 度两组、5%阻尼比的反应谱进行拟合，其加速度时程和频谱如图 1.3-3 所示）。

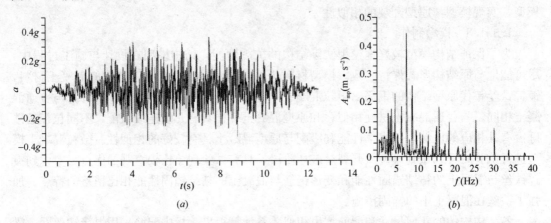

图 1.3-3　试验用人工拟合地震波

（a）加速度时程；（b）频谱

1.3.1.5　试验步骤

试验加载工况按照 8 度多遇烈度和 8 度罕遇烈度的顺序分两个阶段对模型结构进行模拟地震试验。8 度多遇烈度依次输入为：人工波（X 单向、Y 单向）、El Centro 波（XY 双向、YX 双向）和 Taft 波（XY 双向、YX 双向）；8 度罕遇烈度依次输入为：人工波（Y 单向、X 单向）、El Centro 波（X 单向、Y 单向）、Taft 波（X 单向、Y 单向）和 El Centro 波、Taft 波（均为 XY 双向）。在 8 度多遇烈度水准地震波输入前后及以后的每次地震波输入前，对模型进行白噪声扫频，测量模型的自振频率、振型和阻尼比等动力特征参数。地震波持续时间按相似关系压缩为原地震波的 1/2.45。台面输入加速度峰值，依据设防烈度 8 度地震作用相应的多遇地震、罕遇地震最大峰值，按前述的相似关系确定。

1.3.2　试验现象概述

（1）依次输入峰值加速度为 0.07g 的人工拟合波、El Centro 波和 Taft 波并进行白噪声扫频后，模型表面已有几条在梁端的微细裂缝，裂缝宽度在 0.05mm 以下。用白噪声扫描发现模型自振频率略微下降。总体上看，本试验阶段模型结构仍基本处于弹性工作阶段。

（2）输入峰值加速度为 0.4g 的人工波后（X 向和 Y 向各一次），2 层和 3 层顶梁柱交接处裂缝数量增多，分布区域增大，有些裂缝开展到接近梁的跨中区域，有些已经贯通梁或者柱的截面。ⓒ、①轴线边柱 3 层顶、2 层梁端和ⓒ、⑥轴线 4 层节点的梁端较为明显，梁柱节点处内侧出现的裂缝数量急剧增加并变宽（图 1.3-4），模型中间十字形柱的底层柱脚处，混凝土开始酥落。

（3）输入峰值加速度为 0.4g 的 El Centro 波后（X 向和 Y 向各一次），模型外立面的裂缝继续发展，数量和长度继续增加，部分梁柱节点下方外表面混凝土保护层呈圆形或半圆形剥离（图 1.3-5），这个现象在 2、3 层顶尤为显著，部分梁柱节点的拐角处明显开裂，并有混凝土脱落现象，个别节点下方的混凝土保护层鼓出。3 层顶梁柱节点核心区已出现裂缝（图 1.3-6）。

图 1.3-4　梁柱节点处的裂缝

（4）输入峰值加速度为 0.4g 的 Taft 波后（X 向和 Y 向各一次），由于很多裂缝开展后连成一片，导致圆形或半圆形剥离现象明显，个别严重的已经脱落（图 1.3-7），中间十字形柱的底层柱脚部位崩塌现象严重（图 1.3-8），L 形柱的柱脚以及 2、3 层十字形中柱的柱底也有类似现象出现；楼板表面出现沿梁侧走向的裂缝，这一现象在 3 层楼板的上表面尤为明显，2 层和 4 层也有；5 层梁柱交接处的裂缝数量增加。

图 1.3-5　节点附近混凝土剥离

图 1.3-6　3 层顶梁柱节点核心区裂缝

图 1.3-7　节点下方混凝土圆形脱落

图 1.3-8　十字形柱肢端压溃

（5）最后分别进行了 El Centro 波和 Taft 波的双向输入（0.4g + 0.34g），某些节点核心区裂缝明显，混凝土压酥起皮（图 1.3-6）。在模型外围的一些柱脚处，混凝土保护层半圆形剥离现象明显，脱落现象严重，可以听到碎屑落地声音。柱在顶部或者底部产生了塑性铰，而此处混凝土保护层往往又过厚，集中在这一狭窄区域的较大塑性转角迫使混凝土保护层鼓出。T 形柱和 L 形柱的翼缘表面只有在空间位置与腹板对应的狭小区域内的应力比较大，而远离腹板处的 T 形柱翼缘的两侧和 L 形柱翼缘的一侧应力则比较小，局部区域的应力集中使此处混凝土破碎，开始鼓出，发展到外表面则变成了圆形或者接近圆形[14]。

1.3.3　主要试验结果分析

模型结构前 3 阶频率分别为 3.95Hz、4.67Hz 和 5.39Hz，按相似比推算原型的周期为 0.620s、0.525s 和 0.455s，与计算结果相近；低阶振型的振动形态主要为平动和整体扭转；模型结构频率随输入地震动幅值的加大而降低，而阻尼比则随结构破坏的加剧而提高；在完成罕遇地震试验后，模型结构前 3 阶频率分别降低为 1.44Hz、1.80Hz 和 2.15Hz。

模型位移反应值从两方面获得：一方面由 LVDT 大量程位移传感器获得，另一方面由加速度值对时间进行两次积分获得，二者互为校核，吻合程度较好。从模型的位移包络图可以得知结构的变形属于明显的剪切型变形：由上到下，位移增量逐层增加。

在 8 度多遇地震作用下，从模型反应推算所得的原型结构总位移角最大值为：X 向 1/895，Y 向 1/923；层间位移角最大值为：X 向 1/543，发生在 2 层；Y 向 1/526，发生在 3 层。

在 8 度罕遇地震作用下，2～5 层大多数梁柱节点区域出现不同程度的开裂，局部开裂严重部位出现混凝土压酥、崩落现象。结构自振频率进一步下降，刚度降低。在进入 8 度罕遇地震试验开始（两次人工波）一直到第 7 个罕遇地震工况（双向 El Centro 波），模型层间位移角都满足不大于 1/50 的要求，直到最后一个工况（双向 Taft 波）才超出这个指标。所有工况完成后，结构总位移角最大值为：X 向 1/54，Y 向 1/93；层间位移角最大值为：X 向 1/53.2，发生在 2 层；Y 向 1/29.5，发生在 2 层。

1.3.4　小结

（1）所采用的计算模型基本能够正确反映结构的动力特性以及在小震和大震输入下的位移反应。

（2）从模型试验结果按相似关系推算得到的原型位移数据说明，原型结构能够满足我国现行抗震规范"小震不坏、大震不倒"的抗震设防目标。

（3）从模型的破坏形态上看，属于梁铰耗能机制，可以实现"强柱弱梁"的要求。

（4）2、3 层一些节点出现的局部混凝土压溃剥离现象说明异形柱结构的梁柱节点破坏具有自身的特点，结合以往的节点试验和分析资料，在高烈度条件下节点受剪承载力的验算应当予以重视。主要依据该试验和大量工程计算分析，确定 8 度地震设防的异形柱框架结构房屋最大层数应不大于 4 层[6]。

1.4　异形柱结构抗震性能分析

由地震灾区考察可见，异形柱结构抗震性能良好，之所以表现好，从灾区现有的异形柱框架结构可见，梁端有受弯引起的裂缝，而没有柱损坏的，而矩形柱框架结构带有现浇楼板的梁几乎没有损坏的，而框架柱损坏的甚多，是因为柱比梁的刚度大，虽然规范没要求刚度比，只要求强度比，但是刚度比大有不容忽视的好处，就像剪力墙结构、竖向构件（墙）刚度比梁刚度大，震害也轻。

从本章8度强地震四川都江堰市国堰宾馆异形柱7层框架结构震害和计算机仿真和分析、按8度设计的异形柱框架结构模型振动台试验、各级地震设防的异形柱框架结构弹塑性时程计算的结果可见，按照异形柱规程设计的异形柱框架结构是能达到国家标准《建筑抗震设计规范》要求的，且破坏呈现明显的强柱弱梁、梁铰出现较多的破坏机制。所谓"明显"是相对于矩形柱框架结构的梁铰、柱铰交替出现的梁柱铰混合机制而言。

矩形柱框架结构梁柱节点有许多损坏，反而薄弱的异形柱框架结构梁柱节点损坏的极少（个别），主要是2006年异形柱规程颁布实施，在此之前2004年我们开发的异形柱配筋软件CRSC已有框架节点受剪承载力设计功能，并且对此功能开放为免费下载使用，另外，异形柱规程将节点承载力计算列为强制性条文，引起了工程人员的重视。对于设计院普遍采用的矩形柱结构设计软件，2006年之前对框架节点承载力不能设计，这可能是2008年汶川地震中有些框架节点损坏的原因之一，更主要的原因是工程人员重视程度不够，很多损坏的节点连构造要求的箍筋都没有就是证据。

本章参考文献

［1］ 中国建筑科学研究院主编．2008年汶川地震建筑震害图片集［M］．北京：中国建筑工业出版社，2008-9．

［2］ 冯远，刘宜丰，肖克艰．来自汶川大地震亲历者的第一手资料—结构工程师的视界与思考［M］．北京：中国建筑工业出版社，2009．

［3］ 李英民，刘立平．汶川地震建筑震害与思考［M］．重庆：重庆大学出版社，2008．

［4］ 清华大学、西南交通大学、北京交通大学土木工程结构专家组．汶川地震建筑震害分析，建筑结构学报2008，29（4）：1-9．

［5］ 清华大学等．汶川地震建筑震害分析及设计对策［M］．北京：中国建筑工业出版社，2009．

［6］ JGJ149—2006，混凝土异形柱结构技术规程，北京：中国建筑工业出版社，2006．

［7］ 王依群．平面结构弹塑性地震响应分析软件NDAS2D及其应用［M］．北京：中国水利水电出版社，2006．

［8］ 王依群．混凝土结构设计计算算例(第3版)［M］．北京：中国建筑工业出版社，2016．

［9］ 潘文、刘建、杨晓东等．8度区异形柱框架结构的振动台试验研究［J］．建筑结构学报2007年增期刊15-20页．

［10］ 张晋．异形柱框轻结构体系抗震能力研究［D］．南京：东南大学，2002．

［11］ 刘军进，吕志涛．9层(带转换层)钢筋混凝土异形柱框架结构模型振动台试验研究［J］．建筑结构学报，2002，23（1）：21-26．

［12］ 滋军，刘伟庆．中高层大开间钢筋混凝土异形柱框架结构抗震性能研究［J］．地震工程与工程振动，1999，19（3）：59-64．

［13］ 王依群．钢筋混凝土框架柱配筋软件CRSC用户手册及编制原理(2011版)，2011年5月．

［14］ 土木工程防灾国家重点实验室振动台试验室．八度区六层异形柱框架结构模型模拟地震振动台实验研究报告(A20031125—416-1)［R］．上海：同济大学，2003．

第 2 章　异形柱框架强柱弱梁研究

"强柱弱梁"要求也适用于矩形柱框架结构，而且其由此引起的震害比异形柱框架结构更突出，所以本章先讨论矩形柱框架结构的震害。

2.1　汶川地震中异形柱框架结构强梁弱柱分析

由矩形柱框架结构震害图片[1~5]可见，与楼板整体现浇的框架梁几乎没有损坏的，侧边没有现浇楼板的梁出现受弯裂缝的有很多。为什么同样按规范强柱弱梁调整设计梁如此有别？由此使作者想到规范强柱弱梁调整系数值是比较靠谱，即对侧边没有现浇楼板的梁是合适的，问题是出在梁侧的现浇楼板上。除了梁端超配筋、钢筋超强、柱纵筋最小配筋率偏低、梁裂缝计算时采用的是柱中线处的弯矩，而不是柱侧边弯矩、梁支座下部纵筋取跨中筋拉通确定等因素外，考察设计的全过程，发现在内力计算阶段将梁矩形截面弯曲刚度（EI）乘以 2 来考虑现浇楼板对梁抗弯能力的贡献，由此算出梁的内力（显然其包括了梁侧板的内力，但人们从此忘记了梁侧板的存在），而在梁截面设计阶段用此内力算出梁的配筋，将此配筋全部配置在梁的矩形截面内。由于楼板和梁分开设计的，人们按楼板弯曲受力和构造要求进行配筋设计，并对楼板配置钢筋。

由结构力学可知：超静定结构的内力与各构件相对刚度成正比例，即相对刚度大的构件得到的内力也大，梁的抗弯刚度增大 1 倍，其分配到的弯矩也有所增大。因为结构中梁、柱构件的数目不同，梁、柱间抗弯刚度的不同的各种情况，梁分配到的弯矩增大幅度肯定达不到原来的 1 倍，但也会接近于七成，再加上楼板混凝土和按受弯配的板钢筋提高的梁抗弯能力。按前述方法配筋，梁和梁侧楼板配筋后的抗弯能力就是不考虑楼板梁的 2 倍多了，这与有人的研究结论"强梁系数至少取 2.0"正好的吻合。

于是，作者提出改变这种梁配筋的方法[6]，即将上述方法算出的梁钢筋部分移置梁侧楼板，这些钢筋同时还充当板受弯钢筋的作用。对于矩形柱框架结构的两个算例[6~7]已表明该方法的有效性，同时还可节省钢筋、缓解节点钢筋的密集程度。

虽然异形柱框架结构柱铰早于梁铰出现的震害鲜有见到，但采用上述方法也不无益处，本章将验证该方法对异形柱框架结构的有效性。

2.2　7 度(0.15g)地震设防异形柱框架结构部分梁纵筋放在梁侧板的分析

《建筑抗震设计规范》GB 50011—2010 和《混凝土结构设计规范》GB 50010—2010相对于其上一版本对于异形柱结构相关的改变主要有：地震作用计算、结构构件（"强柱弱梁"、"强节点弱构件"）内力调整、轴向压力在挠曲的柱中产生的附加弯矩影响（P-δ

效应）、高强钢筋及最小配筋率规定等。

两本规范在结构构件内力调整中对一级抗震等级的框架结构和9度设防烈度的一级抗震等级框架提出，当有现浇板时，梁端的实配钢筋应包含梁有效翼缘宽度范围内楼板的纵向钢筋，而对其他抗震等级情况适当提高了内力调整系数，但没有明确表示如何考虑楼板内纵向钢筋的影响。

目前国内的设计方法使得楼板与框架整体现浇的结构梁（包括梁侧楼板）配筋明显偏多，这是造成汶川地震中混凝土框架结构倒塌的主要原因。据文献〔6〕分析梁配筋过多的原因是：现浇结构的梁侧楼板与（矩形）框架梁形成了T形（或Γ形）梁，在进行结构整体计算时，取T形或Γ形梁的惯性矩，即取2（或1.5）倍矩形梁的惯性矩，这样计算出梁的内力。使用这样得到梁内力对梁配筋，然后将这些配筋全部放在梁的矩形截面内，而对于梁侧的楼板则按板上的竖向静荷载和构造要求另外配置钢筋。其实这样算出的梁钢筋，不应全部放在梁的矩形截面内，而应有一部分放在梁侧的楼板内。而现在做法是梁侧楼板再另外配筋，这样就造成梁的配筋偏多了！梁的配筋偏多，梁实际抗弯强度增大了，而柱设计弯矩仍以梁未增大的弯矩（抗弯能力）相平衡的弯矩基础上乘以放大系数，所以只适当提高柱内力调整系数的做法仍未达到人们预期的"强柱弱梁"效果。

据文献〔6〕研究，对于二级抗震等级柱端弯矩采用新规范的内力调整系数1.5，同时再将梁矩形截面内的钢筋减小30%[6]，则能达到大震下结构破坏模式接近理想塑性铰分布的结果。本章对于三级抗震等级的异形柱框架结构算例表明，柱端弯矩采用新规范的内力调整系数1.3，同时再将梁矩形截面内的钢筋减小60%，则能达到大震下结构破坏模式接近理想塑性铰分布的结果。

因地震作用可能会使异形柱结构的二阶效应较显著，因此异形柱结构抗震设计时，要求使用能计及结构的重力二阶（P-Δ）效应的软件。至于轴向压力在挠曲的异形柱中产生的附加弯矩影响，即P-δ效应，由于异形柱截面最小尺寸限制（异形柱规程6.1.4条），如果将其按截面积相同的方形柱，则其截面边长均大于混凝土规范新的最小截面限值；L形、T形、十字形截面主轴惯性矩均不小于截面尺寸相同的方形截面的主轴惯性矩，且异形柱用于住宅，又不用于跃层柱，柱两支承点间的距离不超过3m，由此推想异形柱的P-δ效应很小，一般可以不考虑。本章按异形柱规程征求意见稿[8]计算，其与原规程的区别在于在截面设计阶段只考虑柱自身挠曲引起的二阶效应，计算公式中原l_0用l_c代替，l_c与《混凝土结构设计规范》GB 5000—2010取法相同。

增强T形柱的配筋方式是在T形截面对称轴上凸出的肢端增加两根纵向钢筋（图2.1-3），增大该肢端受压（弯）时大小偏压界限值，从而可有效地防止T形柱小偏压破坏发生的概率、延缓T形柱塑性铰出现。据此并参照2010抗震规范和混凝土规范适度提高柱纵筋最小配筋率而提出异形柱纵筋最小配筋率建议（详见本书3章2节），如下：

框架结构异形柱中全部纵向受力钢筋的配筋百分率不应小于表2.2-1规定的数值，且柱肢各肢端纵向受力钢筋的配筋百分率不应小于表2.2-2规定的数值。

2011年3月发行的2010版本PKPM-SATWE软件，执行了《建筑抗震设计规范》GB 50011—2010和《混凝土结构设计规范》GB 50010—2010，即其已采用新抗震规范的地震作用、P-Δ效应计算。2011版本CRSC软件[9]已经执行了构件内力调整、P-δ效应、高强钢筋及最小配筋率建议。以下本章对于小震下异形柱结构设计就采用此二软件进行。

异形柱全部纵向受力钢筋的最小配筋百分率（％） 表 2.2-1

柱类型	抗震等级				非抗震
	一级	二级	三级	四级	
中柱、边柱	1.0(1.1)	0.8(1.0)	0.7(0.9)	0.6(0.8)	0.6
角柱	1.2	1.0	0.9	0.8	0.8

注：1. 表中括号内数值用于框架结构的柱；

2. 采用 400MPa 级纵向受力钢筋时，应按表中数值增加 0.05 采用。

异形柱截面各肢端纵向受力钢筋的最小配筋百分率（％） 表 2.2-2

柱截面形状及肢端	最小配筋率（％）	备注
L、Z 各凸出的肢端	0.2	按柱全截面面积计算
十字形各肢端、T 形非对称轴上的肢端	0.2	按所在肢截面面积计算
T 形对称轴上凸出的肢端	0.4	按所在肢截面面积计算

以下对两个结构平面规则、立面简单的异形柱框架结构工程算例进行试设计，并使用弹塑性时程方法计算了大震下动力响应，考察大震作用下考虑框架梁侧楼板及其内钢筋与否、减小框架梁钢筋三种情况下结构的塑性铰出现顺序、空间分布规律，得到减小框架梁60％上部钢筋可取得大震下较好的抗震性能、保证节点区梁筋粘结强度、节约钢筋及方便施工的多重优点。

2.3　7度（0.15g）区 6 层建筑算例

2.3.1.　计算模型及小震设计

钢筋混凝土异形柱框架结构房屋平面如图 2.3-1 所示，其位于 7 度（0.15g）区，Ⅱ

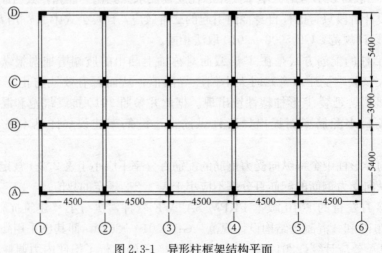

图 2.3-1　异形柱框架结构平面

类场地，三级抗震等级，共 6 层，层高均为 3.0m，柱截面为 L 形、T 形和十字形，柱的截面是由小震设计时框架节点剪压比控制条件决定的，第一～三层等肢异形柱截面的肢厚×肢长尺寸为 250mm×700mm，第四～六层等肢异形柱截面的肢厚×肢长尺寸为 250mm×600mm；框架梁截面尺寸为 250mm×500mm。异形柱、梁和楼板的混凝土等级均为 C35；弹性模量 E 取为 $3.15×10^7$ N/mm^2。根据梁柱截面尺寸计算出的截面积和惯性矩见表 2.3-1。

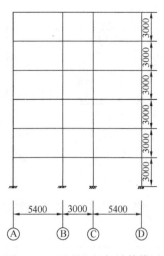

图 2.3-2　异形柱框架计算模型

梁柱纵筋为 HRB400，箍筋和楼板钢筋为 HPB235。梁柱纵筋保护层厚度均为 30mm。屋面和楼面均为现浇板，板厚按 1/35～1/40 板跨取为 110mm。楼面恒荷载为 6.5kN/m^2，活荷载为 2.0kN/m^2；屋面恒荷载为 6.5kN/m^2，活荷载为 0.5kN/m^2。结构一～三层每平方米 1.087t，四、五层每平方米 1.059t，第六层每平方米 0.984t。取其中③轴一榀框架，简化为平面结构进行计算，如图 2.3-2 所示。

截面特性 表 2.3-1

截面类型	尺寸（mm×mm）	截面积（m^2）	惯性矩（m^4）
矩形梁	250×500	0.1250	0.0052
T 形截面柱（一～三层）	250×700	0.2875	0.0112
十字形截面柱（一～三层）	250×700	0.2875	0.0077
T 形截面柱（四～六层）	250×600	0.2375	0.00665
十字形截面柱（四～六层）	250×600	0.2375	0.00496

该工程使用 2011 年 3 月 31 日版 PKPM 软件进行自振周期、位移、内力与配筋计算，满足小震下层间位移限值也没出现超筋和框架节点截面尺寸超限的问题。结构的自振周期为 0.507s。使用 2011 版异形柱结构配筋专用软件 CRSC[9]对异形柱进行配筋。梁、柱受力纵筋配筋结果见表 2.3-2（d 前、后数字分别为受力纵筋根数和直径 mm）。

框架配筋结果（纵筋根数和直径 mm） 表 2.3-2

楼层	十字形中柱	T 形边柱	梁上筋	梁下筋
一～三	12d18	12d18	1d22＋2d20	2d20＋1d18
四～六	12d16	12d16	1d22＋2d20	2d20＋1d18

T 形柱、十字形柱配筋形式见图 2.3-3。图 2.3-3 中的 α 为弯矩作用方向角，它是柱轴向压力作用点 P 与柱截面形心的连线和截面形心 x 轴正向的夹角，逆时针转为正。图 2.3-2 为异形柱平面框架计算模型，框架取自图 2.3-1 中的③轴，质量取自③轴线左右各半跨共 4.5m 范围内的质量。平面框架每层自左至右各节点的质量分别为 19.1t、14.3t、14.3t 和 19.1t，第六层各节点的质量均为 12.1t，其自振周期为 0.507s。梁上均布线荷载为 15.5kN/m，框架两边最外侧节点上集中荷载一～五层为 84.375kN，六层为 70.313kN。

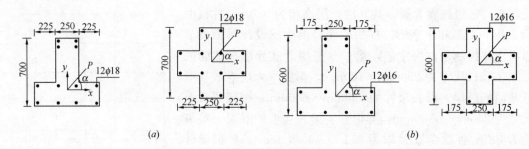

图 2.3-3 T形、十字形柱截面尺寸及配筋形式
(a) 第一～三层；(b) 第四～六层

使用纤维法软件算出柱的 N-M 相关曲线见图 2.3-4，特性点数据见表 2.3-3。

T形和十字形柱截面屈服面特性 表 2.3-3

截面类型	纵筋	M_{y+} (kN·m)	M_{y-} (kN·m)	N_{yc} (kN)	N_{yt} (kN)	M_A/M_{y+}	N_A/N_{yc}	M_B/M_{y-}	N_B/N_{yc}
T1	12d18	512.6	−298.9	9472.4	1319.2	1.598	0.25	2.900	0.55
十1	12d18	387.4	−387.4	9472.4	1319.2	1.724	0.4	1.724	0.4
T2	12d16	335.6	−212.7	7765.2	1061.6	1.682	0.25	2.772	0.55
十2	12d16	260.7	−260.7	7622.1	1042.3	1.880	0.4	1.880	0.4

注：1. M_{y+}、M_{y-} 为截面正、负屈服弯矩，N_{yc}、N_{yt} 为受压、拉屈服力，M_A、N_A、M_B、N_B 为相应平衡点 A、B 的弯矩、轴力值。弯矩作用方向角等于 90° 为 T形截面柱的正弯矩方向；

2. 表中第二～三行为一～三层柱的截面屈服面特性，四～五行为四～六层柱的截面屈服面特性。

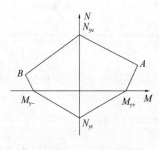

图 2.3-4 M-N 相关曲线

材料强度取用平均值，混凝土强度为 29.8N/mm²，梁、柱纵筋强度为 432N/mm²，板筋强度为 276N/mm²，板上筋、板下筋由最小配筋率 $45f_t/f_y = 45×1.57/210 = 0.336\%>0.2\%$ 计算出单位宽度楼板配筋面积至少为：$0.00336×1000×110 = 369.6mm²/m$。配直径 8mm，间距为 130mm 钢筋，实配钢筋面积为 386.5mm²/m。以下分三种情况（对应模型一、二、三）对结构进行地震时程响应计算。模型一是将算出的梁配筋全部放在梁的矩形截面内，不计梁侧楼板混凝土及其中的钢筋对梁抗弯能力的贡献；模型二是现在工程的做法，即梁钢筋同模型一，又考虑梁两侧边各 6 倍板厚宽度楼板的混凝土及其内钢筋的贡献，由表 2.3-4 可见，模型二的梁受负弯矩承载力是模型一（即考虑梁侧 12 倍板厚度楼板配筋是不考虑）的 1.62 倍；模型三的楼板同模型二，但梁上部配筋取前两模型配筋的 40%，即假定 60% 梁上部纵筋配到了梁侧楼板中，相应的钢筋量从楼板的钢筋中扣除。通过计算得到梁及梁侧楼板抗弯承载力见表 2.3-4。

框架梁及梁侧楼板抗弯承载力（kN·m） 表 2.3-4

梁上筋/梁下筋	A'_s/A_s	模型一 M^-/M^+	模型二 M^-/M^+	$0.4A'_s/A_s$	模型三 M^-/M^+
1d22+2d20/2d20+1d18	1008.1/882.3	182.9/160.1	297/160.1	403.2/882.3	187.3/160.1

注：表中 A'_s、A_s 的单位是 mm²。

因异形柱截面肢较长与梁重叠区域较大，故在梁柱横向交接处设为刚臂，一～三层中柱部分刚臂数值为0.225m，边柱部分为0.45m，四～六层中柱部分为0.175m，边柱部分为0.35m。

2.3.2 弹塑性动力时程分析

本算例采用平面结构弹塑性地震响应分析软件 NDAS2D[10]，结构基底输入唐山地震北京记录波（1976），按照建筑抗震设计规范 7 度（0.15g）的情况将加速度幅值调整到0.31g。计算中采用阻尼比为 5％的 Rayleigh 阻尼和材料弹塑性阶段的滞回阻尼。各模型塑性铰出现的位置及顺序见图 2.3-5。

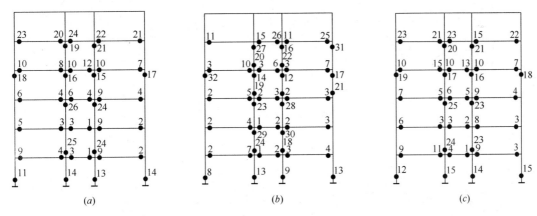

(a)   (b)   (c)

图 2.3-5 算例一塑性铰出现位置和顺序
(a) 模型一；(b) 模型二；(c) 模型三

2.3.3 小结

模型二是将 2010 新规范关于矩形柱内力调整系数和建议的异形柱纵筋最小配筋率应用到算例中的大震下时程响应计算结果（图 2.3-5b），可见其柱端出现的塑性铰还是较多的。如果将这两条规定应用于空框架结构（即模型一），则结构的塑性铰分布还是较接近于理想的塑性铰分布的（图 2.3-5a）。只有设计时从现行设计方法（即模型二）适当减小框架梁的纵筋配筋量，如模型三结果（图 2.3-5c）所示，才可得到大震下较接近于理想的塑性铰分布的结果。

本章参考文献

[1] 中国建筑科学研究院主编. 2008 年汶川地震建筑震害图片集[M]. 北京：中国建筑工业出版社，2008.

[2] 冯远，刘宜丰，肖克艰. 来自汶川大地震亲历者的第一手资料—结构工程师的视界与思考[M]. 北京：中国建筑工业出版社，2009.

[3] 李英民，刘立平. 汶川地震建筑震害与思考[M]. 重庆：重庆大学出版社，2008.

[4] 清华大学、西南交通大学、北京交通大学土木工程结构专家组. 汶川地震建筑震害分析. 建筑结构学报 2008，29(4)：1-9。

[5] 清华大学等. 汶川地震建筑震害分析及设计对策[M]. 北京：中国建筑工业出版社，2009.

[6] 王依群，韩鹏，韩昀珈. 梁钢筋部分移置梁侧楼板的现浇混凝土框架抗震性能研究[J]，土木工程学报，2012，45(8)：55-66.

［7］ 王依群. 混凝土结构设计计算算例(第 3 版)[M]. 北京：中国建筑工业出版社，2016.

［8］ 混凝土异形柱结构技术规程征求意见稿，2012，国家工程建设标准化信息网，http：//www. risn. org. cn/

［9］ 王依群. 钢筋混凝土框架柱配筋软件 CRSC 用户手册及编制原理(2011 版)，2011 年 5 月.

［10］ 王依群. 平面结构弹塑性地震响应分析软件 NDAS2D 及其应用[M]. 北京：中国水利水电出版社，2006.

第3章 异形柱构件研究新进展

本章介绍 2006 年异形柱规程[1]颁布后，异形柱构件的研究、并被新规程征求意见稿[2]采用的几项新成果。

3.1 T形截面柱腹板凸出肢端加强配筋

2006 年《混凝土异形柱结构技术规程》[1]颁布实施后，我们通过一座二类场地 8 度 $(0.2g)$ 抗震设防的异形柱框架在罕遇地震作用下弹塑性时程计算，对《混凝土异形柱结构技术规程》二级框架柱的设计规定进行了初步验证，发现除框架底层柱根和 T 形截面边柱外，该规程的相关设计规定基本上能起到"强柱弱梁"的控制效果。根据分析，对底层柱根和 T 形截面边柱的弯矩增强系数取值和配筋形式[3]提出建议。建议的方案增加配筋量不多，能更好地达到结构预期的塑性铰分布结果。该文 2008 年发表在天津大学学报[4,5]。因当时国内绝大多数文献对混凝土框架结构罕遇地震作用下的分析时均不考虑现浇楼板的作用，故我们也未考虑。本章按我们在汶川地震后提出的减少梁肋上部纵筋的办法处理楼板配筋[6]。对二级抗震等级框架结构将梁肋上部纵筋减少 30%，可比目前设计中用刚度放大一倍（考虑整浇梁侧楼板作用）的矩形框架梁计算出内力及配筋，又将这些配筋全部放在梁肋内，再对楼板另外配筋的做法更好地达到"强柱弱梁"的结果。为比较肢端加强纵筋和未加强纵筋柱在罕遇地震作用下的抗震性能效果，仍以 2006 规程[1]要求展示如下。

3.1.1 研究背景

异形截面柱，即便是等肢 L、T 形截面柱，由于截面惯性主轴与结构平面主轴不一致，其受力变形一般为两向偏心受压（拉）状态，应采用三维空间力学分析，特别是柱受力较大时。因问题的复杂性，目前人们还没有开发出可用于异形柱的三维空间弹塑性计算软件（可能是任意形状截面杆件的屈服面不便模拟）。为解决此问题，本章参照文献[7]对矩形柱框架结构的做法，采用平面弹塑性计算软件对受力扭转效应较小的规则异形柱框架结构进行了抗震分析，对行业标准《混凝土异形柱结构技术规程》JGJ 149—2006[1]（简称"规程"）二级抗震等级框架柱的设计规定进行了初步验证，发现除框架底层柱根和 T 形截面边柱外，该规程的相关设计规定基本上能起到"强柱弱梁"的控制效果。根据分析，对底层柱根和 T 形截面边柱的弯矩增强系数取值和配筋形式提出了建议。建议的方案增加配筋量不多，既能达到结构预期的塑性铰分布结果，又方便施工。

《混凝土异形柱结构技术规程》[1]对二级抗震等级框架柱设计规定的弯矩调整系数是：

节点上、下柱端弯矩设计值：

$$\sum M_c = 1.3 \sum M_b \qquad (3.1\text{-}1)$$

式中 $\sum M_b$——节点左、右梁端，按顺时针和逆时针方向计算的两端有地震作用组合的弯矩设计值之和的较大值。

地震作用组合的框架结构底层柱下端截面（即柱根）的弯矩设计值，对二级抗震等级按地震作用组合的弯矩值乘以系数 1.4 确定。可见，其比国家标准《建筑抗震设计规范》GB 50011—2001 对矩形柱的取值规定略有提高。

以上便是人为地增大了柱端相对于梁端或根柱的抗弯能力，也就是"强柱弱梁"措施。除此之外，规范和规程的其他规定也影响到"强柱弱梁"的程度，即影响到柱、梁抗弯强度相对比值大小。诸如，梁、柱纵筋最小配筋率、梁伸入支座最小纵筋根数及截面积和其他构造措施，以及施工时混凝土材料强度、钢筋强度和实际配筋量与计算配筋量的差距等因素。另外，现浇楼板混凝土和钢筋也提高了与其一起浇筑梁的抗弯能力。

可见，工程中影响柱端相对于梁端的弯矩增强幅度的因素众多、随机性强、规律复杂，很难通过解析或分离变量方法解决。目前实用、有效的方法是对考察对象进行仔细设计后，用多波输入下的非线性动力反应结构分析和揭示该结构在罕遇地震下的抗震性能，以对规程抗震设计措施的有效性进行评价。

为与矩形柱框架相关研究[7]相对照，下面也不计现浇楼板的混凝土和钢筋对梁抗弯能力的提高。

3.1.2 算例

3.1.2.1 典型框架结构及其计算模型

某异形柱钢筋混凝土框架结构（平面见图 3.1-1），位于 8 度（0.2g）区，Ⅱ类场地，抗震等级为二级，共 3 层，层高均为 3.0m，等肢异形柱截面的肢厚×肢长尺寸为 250mm×700mm，柱截面为 L 形、T 形和十字形；框架梁截面为矩形，尺寸为 250mm×500mm。异形柱的混凝土等级为 C45，梁的混凝土等级为 C35；梁柱纵筋为 HRB400，箍筋和楼板钢筋为 HPB235。屋面和楼面均为现浇板，板厚 110mm；恒荷载 9.0kN/m²，活荷载 2.0kN/m²，重力荷载代表值约为 1.46t/m²。

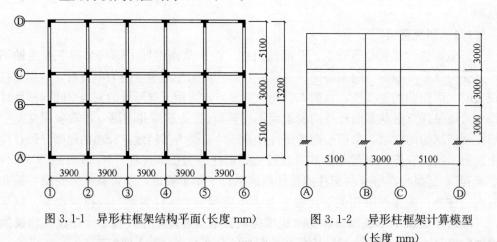

图 3.1-1 异形柱框架结构平面(长度 mm)　　图 3.1-2 异形柱框架计算模型
(长度 mm)

该工程采用中国建筑科学研究院开发的 TAT 软件对结构整体进行力学分析和设计，使用我们开发的异形柱结构配筋专用软件 CRSC[8]进行配筋，梁柱节点均满足强度要求。柱受力纵筋配筋结果为：T 形柱配 10 Φ 20（Φ前、后数字分别为受力纵筋根数、直径 mm），十字形柱配 12 Φ 20；梁受拉钢筋配 4 Φ 20，受压钢筋配 2 Φ 25＋2 Φ 20。T 形柱、十字形配筋形式见图3.1-3（a）、（d），这是规程推荐的配筋形式，以下称普通配筋形式。图3.1-3中的α为弯矩作用方向角，它是柱轴向压力作用点P至柱截面形心的连线与截面形心x轴正向的夹角，逆时针转为正。

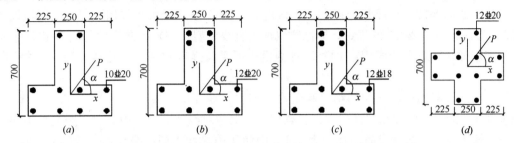

图 3.1-3　T形、十字形截面尺寸与配筋形式

（a）普通配筋形式；（b）增强配筋形式；（c）增强配筋形式；（d）普通配筋形式

图3.1-2的平面框架取自图3.1-1中的③轴，质量取自③轴线左右各半跨共3.9m。平面框架每层各节点的质量分别为13.8t、21.9t、21.9t、13.8t。前两阶自振周期为0.272s、0.082s。计算中结构阻尼采用比例阻尼假设，一、二阶振型阻尼比始终是0.05，由此算出比例阻尼系数，即偏安全地不计进入弹塑性状态后结构阻尼比的增大。图3.1-4为NDAS2D软件算出的结构平面模型前3阶自振周期和振型。

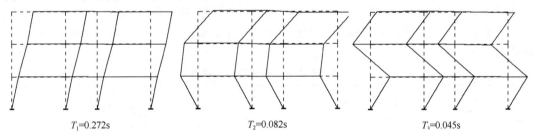

$T_1=0.272s$　　　　　$T_2=0.082s$　　　　　$T_3=0.045s$

图3.1-4　平面模型前3阶自振周期和振型

T形截面柱截面肢端增强配筋形式是在T形柱腹板凸出肢的肢端配置两排钢筋，如图3.1-3（b）、（c）所示。两排钢筋净间距为50mm。目的是克服T形截面柱腹板凸出肢端受压时（图3.1-5中α=90°情况），大小偏压界限的轴压比偏低是造成T形柱塑性铰过早出现。

3.1.2.2　构件刚度、强度性质

根据梁柱截面尺寸算出截面积和惯性矩见表3.1-1。梁柱的弹性模量E分别取为$3.15×10^4 N/mm^2$、$3.35×10^4 N/mm^2$。

按高规的规定考虑了梁端与柱截面重叠区的刚臂，具体数值见下面给出的NDAS2D软件[9]输入数据文件。

截　面　特　性　　　　　　　　　　　　　　　　表 3.1-1

截面类型	尺寸/mm×mm	截面积/m²	惯性矩/m⁴
矩形梁	250×500	0.125	0.0026
T形截面柱	250×700	0.2875	0.0112
十字形截面柱	250×700	0.2875	0.00773

异形截面柱正截面受弯承载力用作者开发的 MyN 软件计算得出的。MyN 软件是计算矩形、L 形、T 形和十字形钢筋混凝土双向压弯构件正截面承载力的专用软件，其基本原理是将截面划分成有限个小网格进行迭代计算，求出要求的结果，其依据的基本假定如下：（1）截面保持平截面假定；（2）压区混凝土的应力-应变关系采用《混凝土结构设计规范》GB 50010—2010 的规定，即抛物线加平直线模型；（3）纵向钢筋的应力-应变关系采用理想弹塑性双直线模型；（4）不计混凝土的受拉强度和受压区混凝土收缩、徐变的影响。

按前述柱截面形状及配筋结果和受力纵筋在柱截面的位置（图 3.1-3）将截面编号，如表 3.1-2 所示。因在弹塑性时程计算软件中，对非对称截面两作用方向屈服弯矩不同时要分别输入编号，故为节省篇幅，表 3.1-2 中和 T 形截面未列出编号 2、4、6 的截面，它们分别是将编号 1、3、5 截面正负弯矩对换；A 点、B 点相应数据对换得到，参见后面列出的 NDAS2D 输入数据文件。

材料强度取实测平均值并参考已有试验资料取为：钢筋 $f_y = 500 \text{N/mm}^2$，C45 混凝土 $f_c = 36.9 \text{N/mm}^2$，C35 混凝土 $f_c = 29.8 \text{N/mm}^2$。纵向钢筋保护层厚度按 2006 异形柱规程取 25mm。使用 MyN 软件计算出柱的 N-M（轴力-屈服弯矩）相关曲线，如图 3.1-5 所示。将这些图示数据整理后填入表 3.1-2。

目前，流行的弹塑性时程分析软件大多采用图 3.1-6 的 N-M 关系曲线计算，上述采用当时版本 NDAS2D 软件也是使用图 3.1-6 所示的 N-M 关系曲线，现为与文献［5］对比，仍采用它。软件所需输入数据可用图 3.1-5 的数据整理得到，这样就得到表 3.1-2 中的数据。

T 形、十字形柱截面屈服面特性　　　　　表 3.1-2

截面编号	形状	纵筋	正屈服弯矩 M_{y+} (kN·m)	负屈服弯矩 M_{y-} (kN·m)	受压屈服力 P_{yc} (kN)	受拉屈服力 P_{yt} (kN)	A 点坐标取为 M_{y+} 的比例	A 点坐标取为 P_{yc} 的比例	B 点坐标取为 M_{y-} 的比例	B 点坐标取为 P_{yt} 的比例
1	T	10 Φ 20	654.5	−317.1	11666.6	1570.8	1.567	0.20	3.479	0.6
3	T	12 Φ 18	552.1	−449.7	11622.7	1526.8	2.000	0.25	2.600	0.55
5	T	12 Φ 20	678.3	−550.6	11980.8	1885.0	1.741	0.25	2.269	0.55
7	十	12 Φ 20	529.0	−529.0	11981	1885	1.598	0.35	1.598	0.35

梁截面的屈服弯矩用 RCM 软件[10]计算，其中材料强度取平均值，混凝土强度为 29.8N/mm^2，梁筋强度为 500N/mm^2，板筋强度为 327N/mm^2。由最小配筋率 $0.45 f_t / f_y = 0.45 \times 1.57 / 270 = 0.262\% > 0.2\%$。计算出单位宽度楼板配筋面积至少为：$0.262\% \times 1000 \times 100 = 262 \text{mm}^2/\text{m}$。板上部、板下部分别配筋 $\phi 8@190$，实配面积 $265 \text{mm}^2/\text{m}$。通过 RCM 软件得到梁及梁侧楼板抗弯承载力见图 3.1-7（a）。

考虑梁侧现场整体浇筑楼板后的梁截面的正屈服弯矩 M_{y+} 为 268.8kN·m，负屈服弯矩 M_{y-} 为 −438.2kN·m。不考虑梁侧楼板钢筋贡献的值见图 3.1-7（b），其与文献［5］中的值：梁截面的正屈服弯矩 M_y+ 为 269kN·m，负屈服弯矩 M_{y-} 为 −361kN·m[5]相近。可看出考虑梁侧楼板及其钢筋后，梁负屈服弯矩值有所增大。

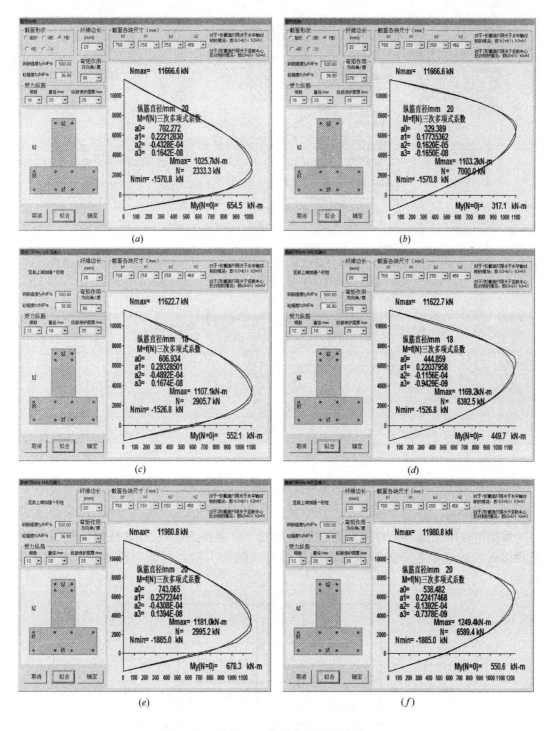

图 3.1-5　柱的 *N-M* 相关曲线计算结果（一）

（*a*）编号 1 的 T 形截面柱（*α*＝90°）的屈服特征；（*b*）编号 1 的 T 形截面柱（*α*＝270°）的屈服特征；

（*c*）编号 3 的 T 形截面柱（*α*＝90°）的屈服特征；（*d*）编号 3 的 T 形截面柱（*α*＝270°）的屈服特征；

（*e*）编号 5 的 T 形截面柱（*α*＝90°）的屈服特征；（*f*）编号 5 的 T 形截面柱（*α*＝270°）的屈服特征；

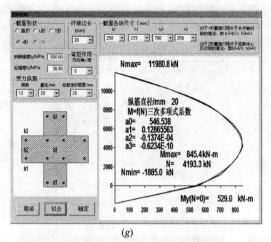
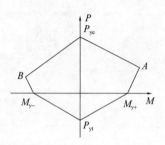

(g)

图 3.1-5 柱的 N-M 相关曲线计算结果 (二)　　　　图 3.1-6 柱的 N-M 相关曲线

(g) 编号 7 的十字形截面柱的屈服特征

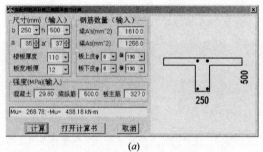
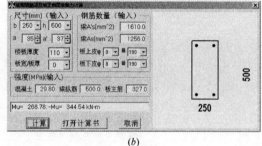

(a)　　　　　　　　　　　　　　　　　(b)

图 3.1-7 用 RCM 软件计算框架梁及梁侧楼板受弯承载力

(a) 考虑梁侧楼板及其钢筋；(b) 不考虑梁侧楼板及其钢筋

根据梁柱单元编号及杆端弯矩正负号约定[9]，准备 NDAS2D 软件输入数据文件，软件读入后可显示各单元杆端屈服弯矩编号（图 3.1-8），以便于检查输入数据正确与否。

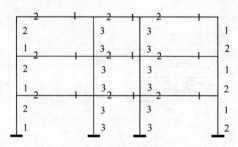

图 3.1-8 屈服面编号分布

3.1.3　弹塑性动力时程分析方法与输入的地震波

本次分析采用的是平面结构弹塑性地震响应分析软件 NDAS2D[9]，分析中考虑了材料和几何非线性。该软件配有集中塑性铰出现在杆端的梁、柱单元，可用图形方式给出结构塑性铰出现位置和顺序，为评价罕遇地震下结构性能提供了有力的工具。

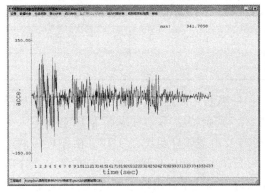

图 3.1-9 El Centro 波形

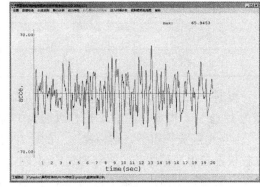

图 3.1-10 北京波形

使用 Seismo Signal 软件得到 El Centro 地震波、北京波的反应谱曲线如图 3.1-11、图 3.1-12 所示。由此可见前一地震波的卓越周期在 0.3s 左右，后一地震波的卓越周期在 0.9s 左右。

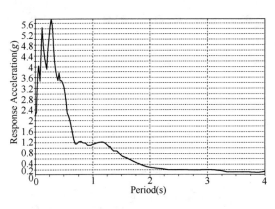

图 3.1-11 El Centro 地震波的反应谱曲线

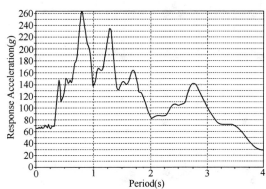

图 3.1-12 北京地震波的反应谱曲线

分析中分别输入了三条二类场地的地震波：El Centro 波（1940，南北向）、唐山地震北京饭店记录波（1976.7.28，东西向）和汶川地震理县记录波（2008.5.12）。前两波波形见图 3.1-9、图 3.1-10，理县地震波波形见图 3.1-15。按照建筑抗震设计规范 8 度（0.2g）罕遇烈度的规定将加速度幅值调整到 400gal。

3.1.4 符合规程要求的框架抗震性能检验

符合规程要求的框架是指上述按规范要求配筋也就是用 CRSC 软件配筋的框架结构，为叙述方便，以下简称为"模型 1"。8 度（0.2g）罕遇地震作用下，结构顶点最大位移、层间最大位移角见表 3.1-3。

输入波	最大层间位移角		
	模型 1	模型 2	模型 3
El Centro	1/344	1/342	1/342
理县波	1/227	1/221	1/218
北京波	1/226	1/266	1/251

模型 1、2、3 的差别为：模型 1 中所有 T 形柱纵筋为 10 Φ 20，模型 2 所有 T 形柱纵筋为 12 Φ 18，模型 3 底层 T 形柱纵筋为 12 Φ 20、其余楼层 T 形柱纵筋为 12 Φ 18。

3 条地震波作用下，结构模型 1 的塑性铰分布及出现顺序见图 3.1-13。由图可见两边柱柱根首先出现塑性铰。这与理想的出铰位置和顺序大相径庭！理想的出铰位置和顺序应当是：梁端先出铰，柱端不能出现塑性铰，待所有梁端几乎都出现了塑性铰以后，柱根部再出现塑性铰。

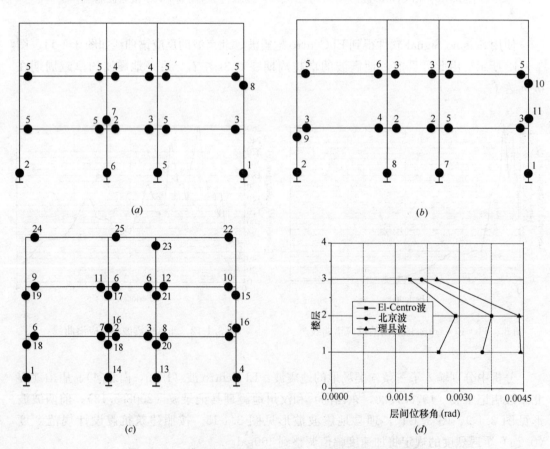

图 3.1-13　模型 1 塑性铰出现位置、顺序和最大层间位移角
(a) El Centro 波作用下；(b) 北京波作用下；(c) 理县波作用下；
(d) 模型 1 在三条波下最大层间位移角

除了柱根出现塑性铰的时间顺序太早以外，该结构其他部位的塑性铰出现位置和顺序还是接近理想状态的，于是我们下一步探讨加强柱根的抗弯能力。

3.1.5 柱根及边柱加强的框架抗震性能

由图 3.1-13 可见框架两侧边 T 形截面柱柱根出现塑性铰过早，中间的十字形柱柱根出现塑性铰的顺序不很靠前，所以我们先只对 T 形边柱柱根抗弯能力进行加强，即将其截面配筋由原先的 10 Φ 20 改为 12 Φ 18，截面屈服面参数见表 3.1-2。这是因为 T 形截面弯矩作用方向角为 90°、270°时，配筋 12 Φ 18 的压弯承载力比配筋 10 Φ 20 的压弯承载力要高，而弯矩作用为 0°、180°时，配筋 12 Φ 18 的压弯承载力比配筋 10 Φ 20 的压弯承载力有不是很大的降低；因本题目在这两个方向，即结构纵轴方向，结构整体受力比结构横轴方向小，配筋 10 Φ 20 承载力有富裕，改为配筋 12 Φ 18 是可行的。全部的边柱配筋都改为 12 Φ 18 的计算模型简称此为"模型 2"。上述三条地震波作用下模型 2 的弹塑性时程计算结果显示塑性铰出现顺序如图 3.1-14 所示。

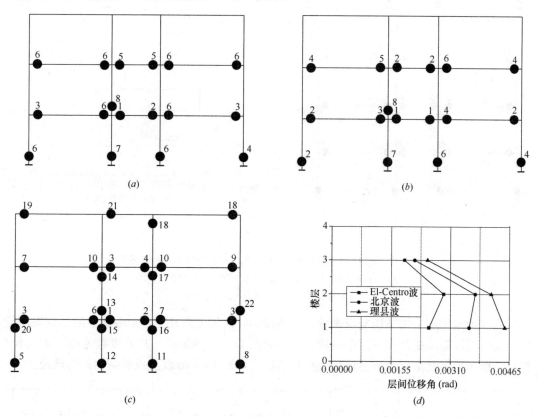

图 3.1-14　模型 2 塑性铰出现位置、顺序和最大层间位移角
(a) El Centro 波作用下；(b) 北京波作用下；(c) 理县波作用下；
(d) 模型 2 在三条波下最大层间位移角

由图 3.1-14 看出，柱根出现塑性铰的顺序有一定程度的推后，但未达到较理想的状态。二层 T 形边柱上、下端出现塑性铰的状况有了很大程度改善，克服了模型 1 T 形边柱塑性铰出现较多的现象，只是理县波作用下，地震作用后期才出现塑性铰。对此，我们对柱根的 T 形边柱纵向钢筋再进行加强，将其钢筋由原先的 12 Φ 18 改为 12 Φ 20，截面屈服面参数见表 3.1-2，称其为"模型 3"。

图 3.1-15 为模型 3 的异形柱框架在三条波作用下的塑性铰出铰位置及顺序图，由图可以看出，改变了模型 2 的 T 形柱柱根出现塑性铰较多的缺陷，基本上达到了"强柱弱梁"的要求。

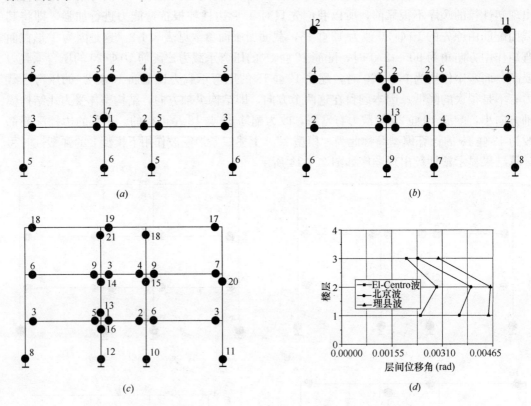

图 3.1-15 模型 3 塑性铰出现位置、顺序和最大层间位移角
(a) El Centro 波作用下；(b) 北京波作用下；(c) 理县波作用下；
(d) 模型 3 在三条波下最大层间位移角

从三种波作用下的结构响应来看，三条波中，汶川地震理县记录波造成的结构损伤最大，这与该波振动能量大（震中距较小、相邻断裂带相继地震，加速度幅值高的时间长）相关，唐山地震北京记录波造成的结构损伤次之，El Centro 波造成的结构损伤最轻。

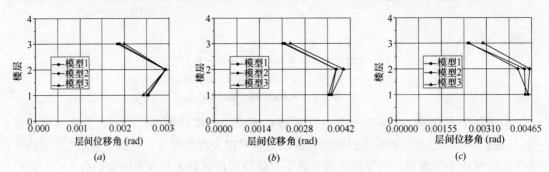

图 3.1-16 三条地震波分别作用下各模型最大层间位移角比较
(a) El Centro 波作用下；(b) 北京波作用下；(c) 理县波作用下

44

由图 3.1-13～图 3.1-15 可见三条地震波作用下，各模型最大层间位移角均满足"大震不倒"要求（≤1/60）。由图 3.1-16 可见，同一条地震波作用下，三个模型的最大层间位移角几乎相同，变化不大。

综观模型 1、模型 2、模型 3 计算结果可见，模型 1，即规程[1]规定的二级抗震等级框架柱根弯矩增强系数 1.4 有些偏小，模型 3 结果符合"强柱弱梁"要求。参照模型 3 的配筋，根据表 3.1-2T 形柱模型 3、模型 2 两种配筋受弯承载力比较，增强配筋（5Φ20）的比配筋（12Φ18）的高 26%（弯矩作用方向角为 90°、和 270°的平均值）。由此文献[5]建议将底层柱柱根内力调整系数在 2006 异形柱规程基础上要适当提高。鉴于建筑抗震设计规范 GB 50011—2010 已将框架结构柱内力调整系数有了较大幅度提高，经研究（见本书第 4 章），将此系数值放在异形柱结构上也是适用的，所以新修订的异形柱规程采用与建筑抗震设计规范 GB 50011—2010 相同的内力调整系数值。

3.1.6 小结

T 形截面柱腹板凸出肢端受压时，大小偏压界限的轴压比偏低是造成 T 形柱塑性铰过早出现的原因，本章提出的增强配筋形式在一定程度上缓解了此问题，增加的钢筋量不很多，甚至不增加配筋面积（如本例 10Φ20 改为 12Φ18，钢筋截面积还略微减小），推迟了 T 形柱柱端塑性铰的出现，使异形柱框架更符合"强柱弱梁"的屈服机制。

附：NDAS2D 输入数据文件
模型 1，El Centro 波作用

```
16, 2
COOR
1, 0, 0, 0
2, 5.1, 0, 0
3, 8.1, 0, 0
4, 13.2, 0, 0
5, 0, 3, 4
13, 0, 9, 0
0/
stor
1, 3, 3, 1, 4
0/
0/
NQDP
1, 333, 1
6, 211, 1
16, 211, 0
5, 111, 4
13, 111, 0
0/
MAST
6, 8, 1, 5
```

```
10, 12, 1, 9
14, 16, 1, 13
0/
SORT
1
MASS
5, 13, 4, 15, 15, 0
6, 14, 4, 23.5, 23.5, 0
7, 15, 4, 23.5, 23.5, 0
8, 16, 4, 15, 15, 0
0/
EIGE
3, 0.0001
DAMP
1.774189, 0, 0.10035E-02
LOAD
2
0
5, 13, 4, 0, -70, 0
6, 14, 4, 0, -110, 0
7, 15, 4, 0, -110, 0
8, 16, 4, 0, -70, 0
0/
1
2, 1, 3, 1, -25, 5.4
2, 4, 6, 1, -25, 3.0
2, 7, 9, 1, -25, 5.4
0/
1, 1
0/
ELEM
5
1, 31500000, 0.05, 0.25, 0.0052, 4, 4, 2, 0, 0.2
0/
1, 0.313, -0.225, 0, 0
2, 0.225, -0.225, 0, 0
3, 0.225, -0.313, 0, 0
0/
1, 268.8, -438.2
2, 438.2, -268.8
0/
0/
1, 5, 6, 4, 1, 1, 2, 1, 1, 0, 0, 0
```

4, 6, 7, 4, 1, 2, 2, 1, 1, 0, 0, 0

7, 7, 8, 4, 1, 3, 2, 1, 1, 0, 0, 0

9, 15, 16, 0, 1, 3, 2, 1, 1, 0, 0, 0

0/

2

1, 33500000, 0.05, 0.2875, 0.0112, 4, 4, 2, 0, 0.2

2, 33500000, 0.05, 0.2875, 0.00773, 4, 4, 2, 0, 0.2

0/

0/

1, 3, 654.5, −317.1, 11666.6, 1570.8, 1.567, 0.2, 3.479, 0.6 ! T10d20

2, 3, 317.1, −654.5, 11666.6, 1570.8, 3.479, 0.6, 1.567, 0.2 ! T10d20

3, 3, 529, −529, 11981, 1885, 1.598, 0.35, 1.598, 0.35   ! ＋12d20

0/

0/

1, 1, 5, 4, 1, 0, 1, 2, 1, 0, 0, 0! 1, 2, 3 层左柱

4, 2, 6, 4, 2, 0, 3, 3, 1, 0, 0, 0! 1, 2, 3 层十字形柱

7, 3, 7, 4, 2, 0, 3, 3, 1, 0, 0, 0! 1, 2, 3 层十字形柱

10, 4, 8, 4, 1, 0, 2, 1, 1, 0, 0, 0! 1, 2 层右柱

12, 12, 16, 0, 1, 0, 2, 1, 1, 0, 0, 0! 3 层右柱

0/

EQRA

1, 1850, −1850, 0.02, 1.1706e−2, 0, 0! 已调为 400gal

EQAX elct−n＝s

12.540，10.823，10.117，8.827，9.515，12.027，14.227，12.821 地震波以下略

模型 2 用下面数据替换上面模型 1 数据中的柱单元屈服面描述数据

1, 3, 552.1, −449.7, 11622.7, 1526.8, 2.0, 0.25, 2.6, 0.55 ! T12d18

2, 3, 449.7, −552.1, 11622.7, 1526.8, 2.6, 0.55, 2.0, 0.25 ! T12d18

3, 3, 529, −529, 11981, 1885, 1.598, 0.35, 1.598, 0.35   ! ＋12d20

模型 3 用下面数据替换上面模型 1 数据中的柱单元屈服面描述和单元连接数据

1, 3, 552.1, −449.7, 11622.7, 1526.8, 2.0, 0.25, 2.6, 0.55 ! T12d18

2, 3, 449.7, −552.1, 11622.7, 1526.8, 2.6, 0.55, 2.0, 0.25 ! T12d18

3, 3, 678.3, −550.6, 11981, 1885, 1.741, 0.25, 2.269, 0.55 ! T12d20

4, 3, 550.6, −678.3, 11981, 1885, 2.269, 0.55, 1.741, 0.25 ! T12d20

5, 3, 529, −529, 11981, 1885, 1.598, 0.35, 1.598, 0.35   ! ＋12d20

0/

0/

1, 1, 5, 0, 1, 0, 3, 4, 1, 0, 0, 0! 1 层左柱

2, 5, 9, 4, 1, 0, 1, 2, 1, 0, 0, 0! 2, 3 层左柱

4, 2, 6, 4, 2, 0, 5, 5, 1, 0, 0, 0! 1, 2, 3 层十字形柱

7, 3, 7, 4, 2, 0, 5, 5, 1, 0, 0, 0! 1, 2, 3 层十字形柱

10, 4, 8, 0, 1, 0, 4, 3, 1, 0, 0, 0! 1 层右柱

11, 8, 12, 4, 1, 0, 2, 1, 1, 0, 0, 0! 2层右柱
12, 12, 16, 0, 1, 0, 2, 1, 1, 0, 0, 0! 3层右柱
0/

3.2 异形柱纵筋最小配筋率

本节主要摘自严孝钦硕士毕业论文[11]，这里有些改动。

3.2.1 纵筋最小配筋率研究的意义

钢筋混凝土构件的配筋率是影响承载力的主要因素，配筋率的变化不仅会引起构件受弯承载力发生变化，而且会使构件的受力性能和破坏特征发生实质性的变化。配筋率少于最小配筋率的构件称为少筋构件，这种构件一旦受拉区混凝土开裂，裂缝截面的拉力就转由钢筋承担，由于钢筋配置得过少，其拉应力很快超过屈服强度而进入强化阶段，造成整个构件发生破坏，甚至发生钢筋被拉断现象，这种破坏没有明显的预兆，是脆性破坏。为了防止这种现象的发生，钢筋混凝土规范明确规定：钢筋混凝土受弯构件的纵向受拉钢筋的配筋率应不小于最小配筋率。

许多国家的钢筋混凝土结构设计规范都有最小配筋率的规定，最初多是纯经验性的，缺少理论模型，且各国的取值差异较大，现在一些国家的规范仍采用纯经验公式，如欧共体 EC2（1992）[12]规范和英国 BS8110(1997)[13]规范。但是自从 20 世纪 80 年代以来，开始采用"由实配受拉钢筋计算出的抗弯能力等于开裂弯矩"确定的配筋率作为最小配筋率的方式，其中包括美国 ACI318-08（2008）规范[14]、加拿大 CSA-A23.3-1994 规范[15]、新西兰 NZS3101（1995）[16]规范和德国 DIN1045（2001）[17]规范等。表明这些国家的设计以"截面受拉区混凝土开裂后受拉钢筋不致立即进入屈服变形状态"为原则，以"避免出现少筋构件失效方式"为准则，来确定最小配筋率。

3.2.2 纵筋最小配筋率的研究分类

（1）受拉钢筋的最小配筋率[18]

钢筋混凝土结构中的受拉钢筋包括轴心及偏心受拉构件中的受拉钢筋以及受弯构件中的受拉钢筋。许多国家的规范都以"截面受拉区混凝土开裂后受拉钢筋不致立即进入屈服变形状态"这一原则来确定受拉钢筋的最小配筋率。

从大的格局来看，各国最小配筋率取值方案可以分为两类。一类是对抗震与非抗震最小配筋率取相同的值。为保证抗震需要，这类规范就必须以抗震最小配筋率作为非抗震最小配筋率，如此必然造成非抗震最小配筋率取值偏高，采用此种方案的有美国 ACI318-08规范和新西兰 NZS3101 规范。另一类是对不同抗震等级和非抗震情况分别采用不同的最小配筋率，因此这类规范关于非抗震最小配筋率的规定比前一种偏低。采用这类规范的有欧洲规范和我国规范。

（2）受压钢筋的最小配筋率[19,20]

在钢筋混凝土结构中，受压钢筋多为轴心受压构件的全部受力钢筋和偏心受压构件中一侧或两侧的受力钢筋。规定受压钢筋最小配筋率的目的，是希望受压混凝土发生破坏时，不致具有突然压溃的明显脆性性质。

各国规范对受压构件纵向钢筋最小配筋率的取值也采用两个不同的方案。一个是美

国、加拿大、新西兰等国规范对抗震和非抗震最小配筋率取相同的值；另一个是欧洲规范和我国规范，对不同抗震等级抗震和非抗震情况分别采用不同的最小配筋率。

工程中的柱及压杆等受压构件，在配筋时多采用对称布置。除了轴心受压构件以及偏心距很小的受压构件外，多数大偏心受压和部分小偏心受压构件中的纵向钢筋均为一侧受压，另一侧受拉。若此类构件在不同方向弯矩的作用下，截面任意一侧的纵向钢筋既可能受压，也可能受拉。因此，确定受压构件的最小配筋率时，应分别对处于受压和受拉两种情况下的纵筋最小配筋率的取值进行讨论。

根据工程经验和试验研究结果，在受压构件中配置最低数量受压纵向钢筋主要是为了：

（1）钢筋混凝土构件在压力持续作用下，若配置一定数量的纵向钢筋与混凝土共同承受压力，既可以适度减小混凝土的徐变量，降低混凝土在长期压力下压溃的风险，也可以避免在混凝土徐变引起的压力重分布过程中纵向钢筋受压屈服。在偏心受压构件中，还能适度减小构件因受压混凝土徐变而导致的侧向挠度增长。总的来说，就是可以减小徐变量并减轻由徐变引起的不良后果。

（2）配置一定数量的纵向钢筋，并配合一定数量的箍筋，可以对受压混凝土形成一定的约束，在混凝土持续承受外压力作用的过程中，不至于突然失效，要在箍筋之间的纵向钢筋向外凸出并屈服后，混凝土才最终被压溃。

在偏心距较大的受压构件中配置一定数量的受拉钢筋是为了：

（1）与受弯构件类似，避免受拉区混凝土开裂后，受拉钢筋立即进入塑性变形较大的屈服变形状态甚至被拉断，导致构件突然失效，发生脆性破坏。

（2）保证构件在受拉区开裂后，仍有一定的侧向承载能力，不致因受拉钢筋过少而侧向刚度下降过多导致结构的破坏。

3.2.3　各国规范对纵筋最小配筋率的不同规定

3.2.3.1　中国规范[21, 1]

（1）受拉钢筋

根据"截面受拉区混凝土开裂后受拉钢筋不致立即进入屈服变形状态"原则，设开裂前混凝土的抗力为 $\alpha A_c f_t$（A_c 为混凝土面积，f_t 为混凝土抗拉强度设计值，α 为受拉面积的比例）。开裂后混凝土失效，这些抗力全部转移到受拉钢筋上由其承担。假设钢筋的配筋率达到 ρ 时，钢筋达到屈服，即钢筋受力值达到 $A_s f_y$（A_s 为钢筋面积，f_y 为钢筋的屈服强度设计值），则有 $\alpha A_c f_t = A_s f_y$。那么此时的配筋率即是最小配筋率，可写作 ρ_{min}，其计算公式如下：

$$\rho_{min} = \frac{A_s}{A_c} = \alpha \frac{f_t}{f_y} \qquad (3.2\text{-}1)$$

上式表明受拉钢筋的最小配筋率应与配筋特征值（f_t / f_y）有关。

《混凝土结构设计规范》GB 50010—2010 规范规定，受弯构件、偏心受拉及轴心受拉构件一侧受拉钢筋的最小配筋 ρ_{min} 取值为：

$$\rho_{min} = \max \begin{cases} 0.20\% \\ 0.45 \dfrac{f_t}{f_y} \end{cases} \qquad (3.2\text{-}2)$$

当混凝土强度等级较高时，应提高最小配筋率的数值。这是因为混凝土强度越高，其延性就越差，因此必须有更强的配筋才能保证构件必要的延性。反之，当采用强度等级较高的钢筋（如 400MPa 级、500MPa 级钢筋）时，由于其较高的抗拉强度和承载能力，配筋率可以适当降低。采用式（3.2-2）的双控手段来确定受拉钢筋的最小配筋率，既可以确保最小配筋率的下限值，同时还可以随着混凝土强度和钢筋强度的变化，对最小配筋率作出调整，有利于促进我国混凝土结构用钢筋的优化。

（2）受压钢筋

我国规范规定受压钢筋最小配筋率不分轴心受压和偏心受压，均由"一侧纵向受压钢筋最小配筋率为全截面面积的 0.2%"和"全部纵向受力钢筋最小配筋率为全截面面积的 0.6%"这两个条件控制。当采用 400MPa 级钢筋时全部纵向钢筋最小配筋率减少 0.05%，即采用 0.55%；当采用 500MPa 级钢筋时全部纵向钢筋最小配筋率减少 0.1%，即采用 0.5%；当混凝土强度等级为 C60 及以上时，取值增加 0.1%，即采用 0.7%。而一侧纵向受力钢筋的配筋率则不做变化。

这是因为当混凝土抗压强度提高时，为减少脆性的影响，应提高最小配筋率的数值以保证构件必要的延性；而当钢筋抗压强度提高时，由于其承载能力相对提高，最小配筋率应可适当降低。只不过这种变化不直接以配筋特征值 f_t/f_y 反映，而以钢筋强度和混凝土强度变化时配筋率的增减来间接反映。同样，这也可以促进我国钢筋结构的优化。

在一般受压构件柱中，除了在弯矩平面的两对边需要配置纵向钢筋外，还应考虑在两侧边配置纵向受力钢筋，其用意在于使钢筋和混凝土共同分担压力荷载，改善柱的延性，同时配合箍筋，增强对核心部位混凝土的约束，在防止构件发生脆性压溃破坏上也起到至关重要的作用。

3.2.3.2　美国规范[22, 23]

（1）受弯构件

在美国规范 ACI 318-08 中，钢筋混凝土受弯构件的最小钢筋面积 $A_{s,min}$ 按下式计算：

$$A_{s,min} = \frac{3\sqrt{f'_c}}{f_y}b_w d \geqslant 200\frac{b_w d}{f_y}(\text{in}^2) \quad (f'_c、f_y \text{的单位为 psi})$$

$$或 A_{s,min} = 0.25\frac{\sqrt{f'_c}}{f_y}b_w d \geqslant 1.379\frac{b_w d}{f_y}(\text{mm}^2) \quad (f'_c、f_y \text{的单位为 MPa}) \quad (3.2\text{-}3)$$

式中　f'_c——混凝土抗压强度；

　　　f_y——钢筋强度；

　　　b_w——构件截面的宽度；

　　　d——受压边缘纤维至受拉钢筋重心的距离。

对于翼缘受拉的静定构件，最小钢筋面积也按上式计算，除非 b_w 用 $2b_w$ 和翼缘宽度两者中的较小者代替。

化成最小配筋率的形式：

$$\rho_{s,min} = \frac{A_{s,min}}{b_w d} = \frac{3\sqrt{f'_c}}{f_y} \geqslant \frac{200}{f_y} \quad (f'_c、f_y \text{的单位为 psi})$$

$$\text{或} \rho_{s,min} = 0.25 \frac{\sqrt{f'_c}}{f_y} \geqslant \frac{1.379}{f_y} \quad (f'_c \text{、} f_y \text{的单位为 MPa}) \tag{3.2-4}$$

对于预应力混凝土受弯构件，ACI 318-08 要求所配置的普通钢筋和预应力筋应使得 $M_u > 1.2M_{cr}$，其中 M_u 为构件乘系数的受弯承载力，M_{cr} 为构件的开裂弯矩。对于预应力混凝土梁，普通钢筋的最小面积为 $0.004A_{ct}$，其中 A_{ct} 为构件受拉部分的面积。钢筋应尽可能均匀布置在靠近于受拉边缘纤维的预受压的受拉区。对于预应力混凝土双向板，当使用荷载下混凝土拉应力大于 $2\sqrt{f'_c}$ 时，普通钢筋的最小面积为

$$A_s = \frac{N_c}{0.5f_y} \tag{3.2-5}$$

式中　f_y——规定的普通钢筋强度，不超过 60000psi（420MPa）；

　　　N_c——未乘系数的恒荷载与活荷载之和在混凝土中产生的拉力。

在柱支撑处的负弯矩区，每个方向普通钢筋的最小面积为 $0.00075A_{cf}$，其中 A_{cf} 为在与一个柱相交的两个等效框架板条梁较大的毛截面面积。

（2）受压构件

美国 ACI 318-08 规范规定，非组合式受压构件的纵向配筋截面面积 A_{st} 应不小于 $0.01A_g$，也不应大于 $0.08A_g$（纵筋搭接连接时不得大于 $0.04A_g$），其中 A_g 为混凝土毛截面面积。

受压构件配置钢筋一方面是为了抵抗弯矩，另一方面也是为了降低混凝土在持续压力作用下的徐变和收缩影响。试验已经表明，徐变和收缩倾向于将荷载由混凝土转向钢筋，从而使钢筋的应力持续增长，且这种增长随钢筋量的减少而变得更快。

3.2.3.3　欧洲规范[12,23]

欧洲规范 EN 1992-1-1：2004 规定，受弯构件的最小钢筋面积 $A_{s,min}$ 按下式计算：

$$A_{s,min} = 0.26 \frac{f_{ctm}}{f_{yk}} b_t d \geqslant 0.0013 b_t d \tag{3.2-6}$$

式中　f_{ctm}——混凝土抗拉强度平均值；

　　　f_{yk}——钢筋抗拉强度平均值；

　　　b_t——受拉区平均宽度；受压区有翼缘的 T 形梁，计算 b_t 值时仅考虑腹板宽度；

　　　d——受拉钢筋到受压混凝土边缘的距离。

对于允许发生脆性破坏的次要构件，$A_{s,min}$ 可取上式计算结果的 1.2 倍。

化成最小配筋率的形式为：$\rho_{min} = \frac{A_{s,min}}{b_t d} = 0.26 \frac{f_{ctm}}{f_{yk}} = 0.078 \frac{f_{ck}^{2/3}}{f_{yk}} \geqslant 0.0013$

同时，欧洲规范 EN 1992-1-1:2004 规定，柱全部纵向钢筋最小面积不小于

$$A_{s,min} = \frac{0.01N_{Ed}}{f_{yd}} \tag{3.2-7}$$

和 $0.002A_c$（A_c 为混凝土毛截面面积）中的较大者，且钢筋截面面积不大于 $A_{s,max}$，$A_{s,max}$ 的值由执行欧洲规范国家的国家附录规定，建议值为 $0.04A_c$，式中 N_{Ed} 为荷载产生的轴力设计值，f_{yd} 为钢筋抗压强度设计值。

3.2.3.4 中美欧规范关于最小配筋率规定的比较

对受压构件的纵筋最小配筋率，我国规范作出了全部纵筋的最小配筋率（总配筋率）为 0.6％ 和截面一侧纵向钢筋最小配筋率（单侧配筋率）为 0.2％ 的规定，美国规范和欧洲规范均未对一侧纵向配筋率作出规定，美国规范规定了纵向配筋截面面积 A_{st} 应不小于 $0.01A_g$，而欧洲规范规定柱全部纵向钢筋最小面积不小于 $A_{s,min}$ 或者 $0.002A_c$ 中的较大者。

而对于受弯构件，假定钢筋标准强度 $f_{yk} = 400MPa$，对于 C20～C50 等级的混凝土强度，图 3.2-1 给出了我国、美国和欧洲规范最小配筋率的比较[23]。

由以上叙述可见，对于受压构件规定最小配筋的目的在于：①保证柱截面有一定的抗弯能力；②保证柱截面有一定的抗压能力。

3.2.4　异形柱规程对异形柱纵筋最小配筋率的规定

《混凝土异形柱结构技术规程》JGJ 149—2006[1] 第 6.2.5 条对异形柱最小配筋率做了明确规定：异形柱中全部纵向受力钢筋的配筋百分率不应小于表 3.2-1 规定的数值，且按柱全截面面积计算的柱肢各肢端纵向受力钢筋的配筋百分率不应小

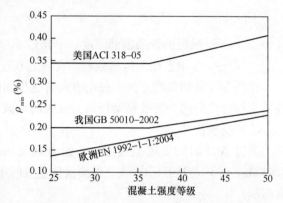

图 3.2-1　中美欧规范规定的受弯构件最小配筋率

于 0.2；建于 Ⅳ 类场地且高于 28m 的框架，全部纵向受力钢筋的最小配筋百分率按表 3.2-1 中的数值增加 0.1 使用。

异形柱全部纵向受力钢筋的最小配筋百分率（％）　　　　表 3.2-1

柱类型	抗震等级			非抗震
	二级	三级	四级	
中柱、边柱	0.8	0.8	0.8	0.8
角柱	1.0	0.9	0.8	0.8

注：采用 400MPa 级钢筋时，全部纵向受力钢筋的最小配筋百分率应允许按表中的数值减小 0.1，但调整后的数值不应小于 0.8。

3.2.5　对异形柱规程提出的几点修改意见

由于混凝土异形柱规程实施以来关于异形柱最小配筋率问题存在较大的争议，为了对规程的合理性与不足进行分析，本文将对规程进行分析讨论，并提出对柱全部纵筋的最小配筋率的改进方案，以期防止异形柱在偶然偏心荷载作用下的脆性破坏。

《混凝土结构设计规范》GB 50010—2010[21] 规定受压构件最小配筋率的目的是抑制该构件的脆性破坏，避免混凝土被突然压溃，并使受压构件具有必要的刚度和抵抗荷载偶然偏心作用的能力。因而，规范 9.5.1 条对矩形截面柱规定了全部纵筋的最小配筋率（总配筋率）0.6％ 和截面一侧纵向钢筋最小配筋率（单侧配筋率）0.2％。规范 11.4.12 条对抗震设计时构件截面总最小配筋率有所提高，对单侧最小配筋率没有提高。规范这两个条文

均是强制性条文，即设计时必须严格执行，可见问题的重要性。

《混凝土异形柱结构技术规程》JGJ 149—2006[1]第 6.2.5 条参照规范上述两条文对 L 形、T 形、十字形截面柱制定了截面肢端最小配筋率，相当于上述单侧最小配筋率和截面总配筋率。

本节将通过对 L 形、T 形、十字形异形截面柱各截面形状截面特性和受力特点进行分析，根据异形柱正截面承载力计算的原理，采用本书作者编制的 MyNc 程序，选取相应的十字形、T 形、L 形截面柱，计算各配筋形式的正截面承载力，并提出改进方案。柱截面的混凝土强度等级为 C45，钢筋采用 HRB400。

3.2.5.1 L 形、T 形、十字形异形柱肢端最小配筋率

以下以使用最多的等肢 L 形、T 形、十字形截面，即截面两个方向肢的宽度、高度分别相等的截面进行叙述，非等肢截面可按本节的建议执行。

1. 十字形截面柱

对于压力作用于竖向肢上的偏心压弯状态，由于横向肢处于截面中部，对该方向压弯承载力作用不大，与无横肢的 $b \times h$ 矩形截面柱压弯承载力近似相等。如图 3.2-2 所示，假设十字形截面柱承受沿 y 方向的偏心压力，如按规范矩形截面单侧最小配筋率可得单侧配筋面积为 0.2%bh，而如按规程则为 0.2%$[bh + (b_f - b)h_f]$，两者相距甚多。下面则通过对两种配筋形式的 N-M 曲线进行比较。

十字形截面形式如图 3.2-2，取 $h = b_f = 700$mm，$b = h_f = 250$mm，肢端配筋分别按全截面面积的 0.2% 和肢截面面积的 0.2% 选取，即分别选取钢筋直径 20mm 和 16mm。由于等肢十字形截面柱具有 4 个对称轴，故只比较两种配筋形式在弯矩作用方向角为 0° 和 45° 的 N-M 相关曲线。

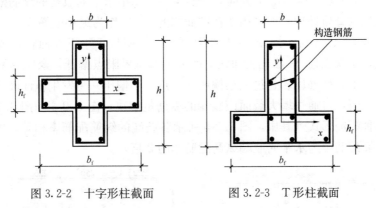

图 3.2-2　十字形柱截面　　　图 3.2-3　T 形柱截面

由图 3.2-4 和图 3.2-5 可以看出，在同一弯矩作用下，肢端按全截面配筋的十字形截面柱的极限承载能力要比按肢截面配筋的十字形截面柱的大，但是，两种配筋形式的界限偏压点所对应的轴力却基本相等，按全截面配筋的十字形截面柱的轴压比均为 0.46，按肢截面配筋的十字形柱的轴压比均为 0.45。这是因为配筋的大小改变了，虽然改变了柱的极限承载力，但是十字形柱四个肢端的配筋率仍然相同，因此其相对受压区的高度保持不变，界限破坏时对应的轴力仍相同。而当弯矩作用方向角为其他角度时，极限承载力均在 0° 值和 45° 值之间，同样在两种配筋形式下，界限破坏的轴力仍相同。

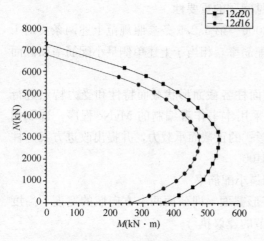

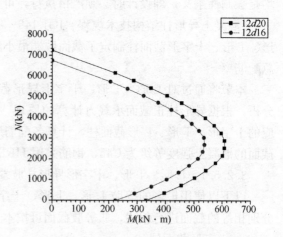

图 3.2-4　十字形柱作用方向角为 0°时
两种配筋形式的 N-M 相关曲线

图 3.2-5　十字形柱作用方向角为 45°时
两种配筋形式的 N-M 相关曲线

如果忽略十字形截面中部凸出的翼缘，按矩形截面最小要求配筋与十字形截面同样配筋再加上中部凸出的翼缘端部配同样筋，可以想象其截面肢轴线方向的抗弯承载力相近，因为翼缘处在中和轴附近其对截面抗弯能力贡献极少。翼缘的存在（相对于矩形截面）增加了截面的抗压能力。因此为防止构件发生少筋的脆性破坏，并适当考虑节省钢材，根据十字形截面柱双轴对称的性质，本书建议对十字形截面按面积 $b \times h$（或 $b_f \times h_f$）取 0.2% 作为肢端纵筋的最小面积。

2. T 形截面柱[5,3]

如图 3.2-3 所示，当压力沿 x 方向有偶然偏心，图中水平向肢端的纵筋配筋率可按上述十字形截面柱的分析处理，即采用所在肢面积的 0.2% 作为最小配筋。

当沿 y 方向有偶然偏心时，图示上部混凝土面积明显小于下部面积，致使此情况下受力性能很差，反映在柱 N-M 相关曲线上的大小偏压界限点偏低。众所周知，竖向和水平荷载共同作用下，柱轴压若超过大小偏压界限点（小偏压）将发生脆性破坏。要提高该界限点的轴压力值，可通过增大截面该肢端的纵筋量解决。图 3.2-6 和图 3.2-7 所示为 T 形柱截面的两种配筋形式（其中，图 3.2-6 所示各肢端的纵筋配筋率相等，图 3.2-7 所示腹板肢端的纵筋配筋率为水平向肢端纵筋配筋率的 2 倍）。

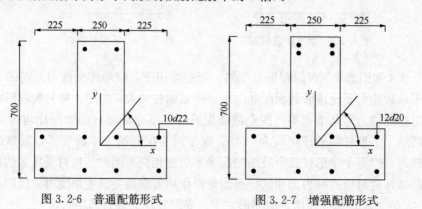

图 3.2-6　普通配筋形式　　　　　图 3.2-7　增强配筋形式

设弯矩作用方向角 α 是偏心压力作用点对截面 x 轴正向的夹角，逆时针为正。由于 T 形柱具有对称性，故只比较这两种配筋形式在弯矩作用方向角为 90°、135°、180°、225°、270° 下的 N-M 相关曲线。

（1）90°

由图 3.2-8 可以看出，弯矩作用方向角为 90° 时，增强配筋形式界限破坏时对应的轴力要比普通配筋形式大；前者界限破坏时的轴压比为 0.29，后者为 0.23；增强配筋形式的 N-M 相关曲线基本包住了普通配筋形式的（只是接近纯弯时前者略小，好在实际工程中接近纯弯状态出现的几率极小）；增强配筋形式最大受弯承载力也比普通配筋形式的大 12%。这是因为当弯矩作用方向角为 90° 时，T 形截面柱处于腹板受压，普通配筋形式的腹板只配 2 根钢筋，而翼缘是 8 根，两者相差较多，因此普通配筋形式的界限破坏点较低，轴压比较小。而增强配筋形式提高了腹板受压时的受压钢筋配筋率，界限破坏点较普通配筋形式高，最大受弯承载力也较大。

（2）135°

由图 3.2-9 可以看出，当弯矩作用方向角为 135° 时，增强配筋形式的界限偏压点对应的轴力大于普通形式的；前者界限破坏时的轴压比为 0.59，后者为 0.47。对应相同的轴力时，在界限破坏点以上，增强配筋形式的受弯承载力大于普通配筋形式的，而界限破坏点以下，两种配筋形式差不多。增强配筋形式最大受弯承载力比普通配筋形式的大 7%，这是因为增强配筋形式相对提高了 T 形截面柱腹板的肢端配筋率。当弯矩作用方向角为 135° 时，增强配筋形式的 T 形柱腹板处于受压区，由于腹板相对增加了配筋，故相对受压区高度减小，界限破坏时轴压比提高，最大受弯承载力也有提高。

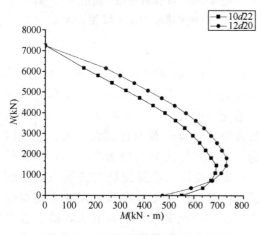

图 3.2-8　T 形柱作用方向角为 90°
时两种配筋形式的 N-M 相关曲线

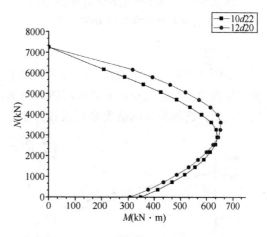

图 3.2-9　T 形柱作用方向角为 135°
时两种配筋形式的 N-M 相关曲线

（3）180°

由图 3.2-10 可以看出，当弯矩作用方向角为 180° 时，增强配筋形式的 N-M 相关曲线略小于普通配筋形式的，但两种形式界限破坏时的轴压比均为 0.47，这是因为弯矩作用角为 180° 时，T 形柱翼缘受压，翼缘配筋的改变，也就改变了柱的极限承载力，但是柱翼缘的相对配筋率却是相同的，因此其相对受压区的高度仍然相同，界限破坏时所对应的轴力基本相等。

（4）225°

由图 3.2-11 可以看出，当弯矩作用方向角为 225°时，增强配筋形式界限破坏时对应的轴力比普通钢筋形式略小；前者界限破坏时轴压比为 0.29（与 90°时的相同），后者为 0.35。增强配筋形式最大受弯承载力比普通钢筋形式的大 2%。对应相同的轴力时，在界限破坏点以下，增强配筋形式的受弯承载力大于普通配筋形式的。而在界限破坏点以上，普通配筋形式略大于增强配筋形式。这是因为，当弯矩作用方向角为 225°时，T 形柱受力情况和 135°时相反，腹板肢端处于受拉区，增强配筋形式与普通配筋形式相比，相对受压区高度增加，界限破坏点降低，但是界限破坏时的受弯承载力提高。

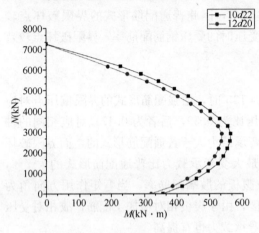

图 3.2-10　T 形柱作用方向角为 180°时两种配筋形式的 $N\text{-}M$ 相关曲线

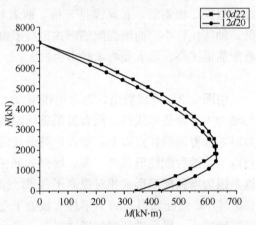

图 3.2-11　T 形柱作用方向角为 225°时两种配筋形式的 $N\text{-}M$ 相关曲线

（5）270°

由图 3.2-12 可以看出，当弯矩作用方向角为 270°时，增强配筋形式界限破坏对应的轴力比普通配筋形式小；前者界限破坏时的轴压比为 0.64，后者为 0.70。在界限破坏点以下，增强配筋形式的最大受弯承载力都要比普通配筋形式的大，而在界限破坏点以上，后者最大受弯承载力比前者的大。这是因为，当弯矩作用方向角为 270°时，腹板受拉，翼缘受压，增强配筋形式受拉钢筋配筋率比普通配筋形式的大，因此其相对受压区高度也比普通配筋形式大，故前者界限破坏点低，但界限破坏时的受弯承载力却比后者大。

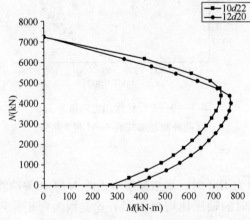

图 3.2-12　T 形柱作用方向角为 270°时两种配筋形式的 $N\text{-}M$ 相关曲线

综上，由两种配筋形式在各个弯矩作用方向角下的 $N\text{-}M$ 相关曲线可以看出，增强配筋形式提高了 T 形截面柱的最大受弯承载力，将最不利弯矩作用方向角偏压界限点的轴压比由 0.23 提高到了 0.29，改善了普通配筋形式在最不利方向角下的破坏形态，提高了其延性。

T形框架结构柱抗震等级二、三、四级设计时轴压比限值分别为：0.55、0.65、0.75，当柱剪跨比不大于2时（由住宅层高限制，绝大多数情况如此）还要比上述数值减小0.05。一般使用情况下，实际轴压比低于轴压比限值，估计在轴压比限值的2/3左右（因本章计算采用的参数均是设计值，故本章分析的界限点轴压比即为设计轴压比）。即便如此，如果柱肢端纵筋偏少的话，由于太小偏压界限点偏低，在偶然偏心荷载下柱有极大可能发生脆性破坏。

从另一个角度讲，图3.2-3示截面上、下部的配筋量差距悬殊也对柱受力性能不利。

考虑到双向偏压异形柱任一纵向受力钢筋均可能发生受力最大现象，规程6.2.3条规定纵向受力钢筋直径宜相同。并由前述理由推荐采取图3.2-7示的增强配筋形式，因此，建议图3.2-7示的竖向肢上肢端最小配筋量是水平向肢端最小配筋量的2倍，即规定该肢端的最小配筋率为按其所在肢截面面积的0.4%，以减小竖向肢端受压时发生脆性破坏的可能性。

3. L形截面柱[24~26]

当偶然偏心使得压力作用在图3.2-13示的 v 轴上时，如将其等效成矩形柱，肢端最小配筋面积按全截面面积的0.2%显得偏大些。但如考虑到起主要抵抗弯矩作用的肢端两根钢筋，其中一根还因为离中和轴稍近些，作用发挥的小些；并从图3.2-13中 xy 坐标看L形截面相当于翼缘偏置的T形截面，L形截面柱的受力性能比T形截面柱的要差些。参照上述提高T形柱肢端最小配筋率的建议，对L形截面仍采用现规程规定的全截面面积的0.2%作为该肢端的最小配筋量。对抗震设防情况，因规程建议的L形截面纵向受力钢筋位置固定（即集中在肢端和两肢相交处），如提高全截面最小配筋率，各肢端最小配筋量均可得到提高。

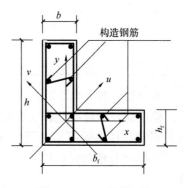

图 3.2-13　L形截面柱

3.2.5.2　最小总配筋率

总配筋率是截面内全部受力纵筋与截面面积的比例，随着肢端配筋率的提高并参照规范对于矩形截面柱的相关规定，建议异形柱的最小总配筋率如表3.2-2所示。

异形柱纵筋配得较少时，如采取异形柱规程图6.2.3（本书图3.2-2、图3.2-3、图3.2-13）的纵筋配置方法，即每个肢端两根纵筋，两肢交叉处要4根纵筋，L形、T形、十字形截面受力纵筋总数分别为8、10、12根。再按照规程6.2.3条受力纵筋直径宜相同的规定，除L形截面按肢端0.2%和按全截面0.8%的配筋量相同外，T形、十字形截面满足肢端0.2%要求时，全截面的配筋率已达到1.0%和1.2%。就是说，异形柱的最小纵筋配筋是由肢端0.2%控制的。

规程对抗震等级低的和非抗震设计的柱均不小于0.8%是因为其是按截面肢端最小配筋率0.2%、受力纵筋布置和等直径三个要求同时考虑而得来的；由本节前面的分析，即对于T形、十字形截面肢端以所在肢面积的0.2%要求，并将肢端最小配筋与全截面最小配筋分开规定，就得到表3.2-2、表3.2-3的建议。其中一级抗震等级是应规程修订的要求增加的。

柱全部纵向受力钢筋最小配筋百分率（％）　　　　　　　表 3.2-2

现行标准或本文建议	柱类型	抗震等级或非抗震				
		一级	二级	三级	四级	非抗震
规范对矩形柱	中柱、边柱	0.9(1.0)	0.7(0.8)	0.6(0.7)	0.5(0.6)	0.6
	角柱、框支柱	1.1	1.0	0.9	0.8	0.8
规程对异形柱	中柱、边柱		0.8	0.8	0.8	0.6
	角柱		1.0	0.9	0.8	0.8
本文建议对异形柱	中柱、边柱	1.0(1.1)	0.8(1.0)	0.7(0.9)	0.6(0.8)	0.6
	角柱	1.2	1.0	0.9	0.8	0.8

注：1. 表中括号内的数值用于框架结构的柱；

  2. 当采用 400MPa 级纵向受力钢筋时，应按表中数值增加 0.05 采用。

异形柱截面各肢端纵向受力钢筋的最小配筋百分率（％）　　　表 3.2-3

柱截面形状及肢端	最小配筋率（％）	备注
L、Z 各凸出的肢端	0.2	按柱全截面面积计算
十字形各肢端、T 形非对称轴上的肢端	0.2	按所在肢截面面积计算
T 形对称轴上凸出的肢端	0.4	按所在肢截面面积计算

  本节建议对表 3.2-2 中二、三级抗震的最小配筋率表面上看有所提高，实际上，若像前面建议的肢端最小配筋率不按全截面面积计算的办法（表 3.2-3），只是二、三级抗震的 L 形截面柱总配筋率有所增加，T 形和十字形截面柱总纵筋最小配筋率还有所降低。由于工程上 L 形截面柱比 T 形、十字形截面柱用得相对少些，所以总最小配筋量会有所降低。

  同时，建议对二、三级抗震等级的异形柱总配筋率有所提高，也改进了现行规程总最小配筋率限值不随抗震性能要求的提高而提高的不正常现象。

3.2.5.3　用钢量分析

  如前文所述，对异形柱截面肢端最小配筋率和总配筋率提出调整建议，分析一下用钢量。

  十字形截面柱在非抗震和三、四级抗震设计时，总配筋量会有所减小。比如规程允许的最小截面尺寸（肢宽 200mm，肢高 500mm）的十字形截面柱可由现在的配筋 $12d16$（d 表示钢筋直径 mm）变为 $12d14$，用钢量减少 30.67％。二、三级抗震等级设计时，若按肢截面 0.2％和表 3.2-2 建议的总配筋率控制的配筋量，则纵筋直径可能减小，因此较现行规范实际配筋量也会有所减少。

  对于 T 形截面柱的配筋方式，建议抛弃现在常用的图 3.2-6 所示的普通配筋形式，而推广应用图 3.2-7 所示的增强配筋形式。主要因为前者在某些受力角度下大小偏压界限承受压力值过低，易发生小偏心受压的脆性破坏。由图 3.2-8 到图 3.2-12 普通配筋形式 $10d22$ 和增强配筋形式 $12d20$ 的 N-M 相关曲线比较可见，普通配筋方式的受力性能在有的方向角，如图 3.2-12 所示的弯矩作用方向角为 270°小偏心受压时，要略好于总配筋量相近的增强形式配筋的受力性能，但前者在构件最薄弱方向角方向，也是 T 形柱主要受力方向，即图 3.2-8 所示，受力性能要比后者差得多，只是在纯弯曲时前者略好些，但实际结构中纯弯曲情况极少出现。

因地震作用方向的不定性，要对柱在各弯矩作用方向角下的性能进行综合评价，其中最不利方向角下的性能占绝对大的权重，由此总体评价增强配筋形式要明显好于普通配筋形式。以上我们比较的普通配筋形式 $10d22$ 和增强配筋形式 $12d20$ 两种配筋总量分别为：$3801mm^2$、$3770mm^2$，可见性能总体评价好的不一定钢筋用量必然增加！提醒我们要将好钢用在刀刃上，不是每根钢筋均匀地增加面积。由此可知，受力较大，即由受力控制配筋量的 T 形截面柱，如采用增强配筋形式，用钢量一般不会增加。

T 形截面柱在结构受水平荷载较小时，即柱配筋量由最小配筋率控制时，按前述建议，图 3.2-3 所示的竖向肢端与其他肢端单独计算最小配筋率，与现行规程相比之下，如按增强配筋形式，竖向肢端多配些，两水平肢端少配了些（该肢面积的 0.2%），总钢筋量不增加或略有增加。比如规程允许的最小截面尺寸（肢宽 200mm，肢高 500mm）的 T 字形截面柱可由现在的配筋 $10d16$ 变为 $12d14$，用钢量减少 6.02%。即使钢筋量有所增加，从防止脆性破坏的角度看还是必需的。如仍沿用普通配筋形式，由规程 6.2.3 条，在同一柱截面内，纵向受力钢筋宜采用相同直径的规定，最小配筋量必然增加。

L 形截面柱地震设防烈度较低时，建议的配筋率没有改变。地震设防烈度较高时，结构中的柱一般是受力控制，配筋量超过最小配筋量，可能有数量极少的个别柱（包括 T 形、十字形截面柱）受力小是由最小配筋率控制，按建议方案，这些柱的配筋量会增加，但这也是地震下防止结构连续倒塌所必需的。

3.2.5.4 结论

本章从设置最小配筋率是为防止荷载偶然偏心作用下构件发生脆性破坏的角度出发，根据 L 形、T 形、十字形柱截面形状和受力特点，参照混凝土结构设计规范对矩形截面柱单侧最小配筋率规定，分析了现行异形柱相关规定的合理性和不足之处，在此基础上，提出修改建议。

本章建议的方案对非抗震和不同的抗震等级、甚至于 T 形截面柱的不同肢端提出不同的肢端最小配筋率，以期达到结构安全和非抗震或受力较小情况节省钢材的效果。虽建议方案不如现行标准规定整齐划一，但现在均采用计算机进行设计，只要将建议方案编入计算机软件就可解决。

本章建议对 T 形柱截面对称轴上肢肢端配筋率要大幅提高，如不改变现有布筋方式会造成柱全截面配筋均大幅增加的不良后果，提出采用该肢端增强配筋形式，既可大幅提高该肢端配筋率、改善了柱的受力性能，又使得柱全截面配筋率不增加。

3.3 异形柱最小肢长和最大肢长比的规定背景

不等肢异形柱是指 L 形、T 形、十字形、Z 形截面柱两方向肢长或肢厚尺寸不相等的异形柱。为便于叙述，这里只讨论应用最普遍的两方向肢长不相等的情况。异形柱最大肢长比是指截面两方向肢长相对比例的最大值，规程对其有个规定，如超出此规定则规范的某些计算公式不适用，设计时须注意。

由于受压（或拉）弯作用下异形柱正截面承载力的计算机计算结果较为准确，排除一字形或接近一字形截面柱侧向失稳的状态后，正截面承载力不是确定异形柱最小肢长和最大肢长比的主要因素。确定异形柱最小肢长和最大肢长比的主要因素是柱的斜截面受剪承载力。由于混凝土构件斜截面受剪破坏模式较多，虽然人们想出了很多计算模型、诸如桁架计算模型、拉压杆计算模型等，但目前为此，仍不尽如人意，要想知道构件的受剪承载力主要还是依靠大量的试验，并拟合出具有一定安全度的计算公式。

钢筋混凝土构件的斜截面剪切破坏属于脆性破坏，即破坏比较突然，造成的后果严重，在地震作用下钢筋混凝土柱发生剪切破坏，会引起结构的整体倒塌。因此，防止剪切破坏一直是工程设计的重点。

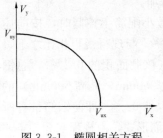

图 3.3-1　椭圆相关方程

在工程结构中，钢筋混凝土框架柱往往会受到斜向水平荷载的作用，从而在柱截面中形成双向剪切的受力状态。已有研究表明[27~29]，钢筋混凝土正方形柱的抗剪强度不受荷载作用方向的影响，而矩形框架柱在斜向水平荷载作用下的抗剪性能与沿框架轴方向作用有明显的不同，矩形截面柱的受剪承载力随水平荷载作用方向而变化，并服从椭圆规律（图 3.3-1），即满足下面椭圆方程：

$$\left(\frac{V_x}{V_{ux}}\right)^2 + \left(\frac{V_y}{V_{uy}}\right)^2 = 1 \tag{3.3-1}$$

式中　　V_x——斜向剪力 V 在 X 轴上的分量，$V_x = V\cos\alpha$（α 为剪力 V 与 X 轴之间的夹角）；

　　　　V_y——斜向剪力 V 在 Y 轴上的分量，$V_y = V\sin\alpha$；

　V_{ux}、V_{uy}——在已知配筋条件下分别沿两水平方向 X 和 Y 单独作用剪力时截面的抗剪承载力。

因此，受斜向水平荷载作用的矩形截面柱，如果仅在两个框架轴方向上按其效应分别进行受剪承载力验算是不安全的。为了保证在斜方向有足够的抗剪强度，设计计算时，需要在两个框架轴方向进行超强设计，增大这两个方向上的剪力设计值，以保证设计安全，文献［30~34］进行了斜向水平荷载作用的矩形截面构件受剪承载力的试验研究及给出了双向受剪承载力计算方法。

以上是矩形柱双向受剪承载力的研究情况，异形柱也存在双向受剪的问题。由于沿截面主轴方向受剪研究是双向受剪研究的基础，国内先是对沿截面主轴方向受剪进行了一些研究。如 1995 年华南理工大学[35]对 15 根 L 形截面柱进行了受剪试验研究，讨论分析其破坏特点及剪跨比、轴压比等因素对抗剪承载力的影响，根据试验结果回归出受剪承载力公式。1997 年天津大学[36~38]在试验的基础上，分析了翼缘、低周反复荷载、斜向水平荷载和弯矩比对异形截面框架柱受剪性能的影响。对 L 形截面框架柱受剪性能进行了试验研究，分析了试件的破坏形态，对抗剪性能的影响因素，并提出了极限受剪承载力计算公式。

异形柱双向受剪研究主要有天津大学[37,38]，华南理工大学[35]和大连理工大学[39,40]进行了一系列试验研究，主要是对 L 形、T 形、十字形柱斜向受剪承载力进行了研究，与工程轴方向加载试件的破坏过程、延性、受剪承载力进行比较，工程轴方向作用且腹板受压作用时受剪承载力最低。L 形、T 形、十字形柱在斜向水平荷载作用下，其受剪承载力平面图形为梅花状，在各象限图形是凸的。L 形、T 形柱的试验结果如图 3.3-2、图 3.3-3

所示，由概念分析，在斜向受剪时，等肢的十字形柱的截面两肢均发挥承担剪力的作用，故其双向受剪承载力相关曲线也应是外凸的梅花状。在斜向剪力作用下，如果按 x，y 两个分量计算满足要求的话，其斜向承载力也能满足要求，这与矩形截面柱是不同的。这种计算是按柱肢相等的情况计算的，如果异形柱为不等肢时，其斜向承载力如何变化是一个需要进一步探讨的问题。

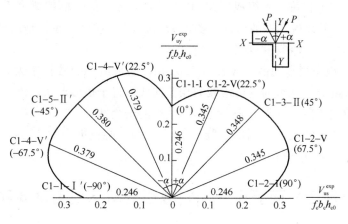

图 3.3-2　L 形截面柱的 $\dfrac{V_{u}^{exp}}{f_c\,b_c\,h_{c0}}$-$\alpha$ 曲线

本节先介绍 L 形、T 形、十字形柱双向受剪性能的研究，Z 形截面柱双向受剪性能与前三种形状截面柱的双向受剪性能相差较大，放在下节单独介绍。

钢筋混凝土框架柱由于同时承受轴力、剪力和弯矩的共同作用，其抗剪机理较为复杂，影响抗剪承载力的因素也较多，如截面尺寸、剪跨比、轴压比、配筋率、混凝土强度等。因此，较准确地预测异形柱构件的抗剪承载力十分困难。目前尚难以获得公认的理论计算公式，故借助大量试验结果的数理统计分析，研究影响构件抗剪强度的主要因素，建立具有一定可靠度保证率的经验公式。统计公式形式简单、实用，因而应用广泛，我国混凝土设计规范采用该方法。目前已经颁布的《混凝土异形柱结构技术规程》JGJ 149—

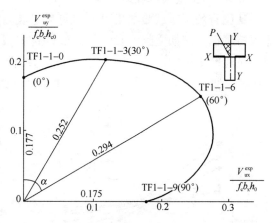

图 3.3-3　T 形截面柱的 $\dfrac{V_{u}^{exp}}{f_c\,b_c\,h_{c0}}$-$\alpha$ 曲线

2006 对异形柱斜截面受剪承载力的计算采用《混凝土结构设计规范》GB 50010—2002 的计算公式，即不考虑与验算方向正交柱肢的作用，这样就低估了等肢异形柱斜截面受剪承载力，但免除了计算斜向受剪承载力的麻烦。在异形柱结构设计和施工中，经常会遇到柱的两肢不等的情况，当与验算方向正交柱肢尺寸相差较大时，按照规范的公式计算的受剪承载力与实际的差距也较大。

对于不等肢的异形柱，即一方向肢长些、另一方向肢短些，为叙述方便，用肢长比

（＝短肢长度/长肢长度）表示不等肢的程度。等肢就是肢长比＝1；肢长比越小，则不等肢程度越严重。肢长比等于0，异形柱就退化为矩形柱。可以想见：肢长比自1逐渐变小过程中，柱的双向受剪承载力相关曲线将由梅花状逐渐变为椭圆状。就是肢长比小到某一程度时，只计算肢轴线方向的单向受剪承载力将变得不再安全，须像矩形柱那样改用双向受剪计算。

异形柱用于住宅建筑，其组成框架的层高不到3m，减去框架梁高后，柱净高 H_n 在2.5m左右，为了避免极短柱的出现，要求 $H_n/h_c > 3$（这里 h_c 是柱截面最大肢高），即得 $h_c \leqslant 0.8$ m，就是说：异形柱截面最大肢长是800mm。

2006异形柱规程规定的最小肢长是500mm，于是最小的肢长比为500/800＝0.625。在这个肢长比下的异形柱双向受剪承载力相关曲线接近于矩形形状，仍可采用分别计算两肢轴线方向的单向受剪承载力，来保证斜向受剪的安全性。

规程新征求意见稿提出采用最小肢长是450mm，避免进行斜向受剪计算的另肢最大肢长为 $450/0.625 \approx 700$ mm。

3.4 Z形柱正截面受压弯、斜截面受剪承载力试验和理论研究

相对于L形、T形、十字形柱，Z形柱研究的较晚和较少。随着《混凝土异形柱结构技术规程》JGJ 149—2006 的颁布实施，Z形柱的研究逐渐多了起来。本节介绍已有的一些研究成果，供设计人员参考。

3.4.1 正截面承载力

从已有的压弯试验结果[41,42]可见满足肢高/肢厚比不大于4的Z形截面柱截面应变基本保持平面，例如文献［42］的某试件跨中截面应变结果如图3.4-1、图3.4-2所示，并且由试验结果可知，构件破坏时，受压边缘混凝土压应变达到或超过混凝土规范假定的值0.0033，即使纵向钢筋使用500MPa级钢筋也能达到屈服。

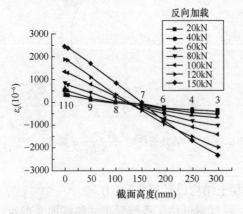

图 3.4-1 某试件混凝土应变沿截面
高度分布图

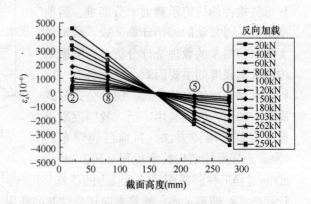

图 3.4-2 某试件500MPa 钢筋应变沿截面
高度分布图

由试验结果可见，计算时可采用①平截面假定；②混凝土受压时应力应变关系取抛物线加平直线模型（不考虑箍筋约束引起的混凝土受压强度的提高）；③忽略混凝土抗拉强

度；④钢筋受拉和受压时的应力应变关系取双直线模型，极限应变取 0.01；⑤混凝土极限压应变取 0.0033；⑥将截面混凝土划分为一定数量且面积相等的小单元，每根纵筋作为一个单元，假定截面受力时单元形心的应力为单元的平均应力（纤维算法）。

采用纤维算法，即将截面混凝土划分为有限数量的小格，每格为一单元，每根纵筋为一单元。选取坐标系如图 3.4-3 所示，则可列出方程组

$$N \leqslant \sum_{i=1}^{n_c} A_{ci}\sigma_{ci} + \sum_{j=1}^{n_s} A_{sj}\sigma_{sj} \tag{3.4-1}$$

$$M_x \leqslant \sum_{i=1}^{n_c} A_{ci}\sigma_{ci}(Y_{ci} - Y_0) + \sum_{j=1}^{n_s} A_{sj}\sigma_{sj}(Y_{sj} - Y_0) \tag{3.4-2}$$

$$M_y \leqslant \sum_{i=1}^{n_c} A_{ci}\sigma_{ci}(X_{ci} - X_0) + \sum_{j=1}^{n_s} A_{sj}\sigma_{sj}(X_{sj} - X_0) \tag{3.4-3}$$

式中 N——轴向力设计值；

M_x、M_y——对截面形心轴 x、y 的弯矩设计值，由压力产生的偏心在 x 轴上侧时 M_x 取正值，由压力产生的偏心在 y 轴右侧时 M_y 取正值；

σ_{ci}、A_{ci}——第 i 个混凝土单元的应力及面积，σ_{ci} 为压应力时取正值；

σ_{sj}、A_{sj}——第 j 个钢筋单元的应力及面积，σ_{sj} 为压应力时取正值；

X_0、Y_0——截面形心坐标；

X_{ci}、Y_{ci}——第 i 个混凝土单元的形心坐标；

X_{sj}、Y_{sj}——第 j 个钢筋单元的形心坐标；

n_c、n_s——混凝土及钢筋单元总数。

对于图 3.4-4 所示的 Z3 柱截面尺寸和纵筋分布方式，使用上述公式和计算假定经计算机计算，可得出 Z3 柱在轴向力、双轴弯矩作用下的受弯承载力相关曲线（图 3.4-5）[43]。

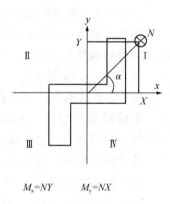

$M_x=NY \qquad M_y=NX$

图 3.4-3　Z3 形心坐标系

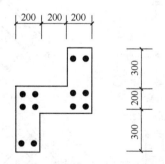

图 3.4-4　Z3 截面尺寸和纵筋分布

由图 3.4-5 可知，大多数的轴压比作用下，Z 形柱的双向受压弯性能相当于斜放的矩形柱（图 3.4-6），如本人 2004 年 4 月在"异形柱结构设计疑难释义 http：//okok. org/forum/viewthread. php？tid＝53543&extra＝page％3D1"所述。双轴受弯承载力相关曲线呈椭圆状，只有在轴压比处于大小偏压界限值（0.45）附近，双轴受弯相关曲线才偏离椭圆状。

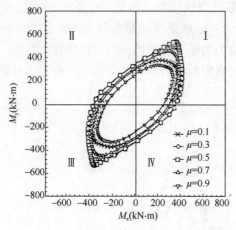

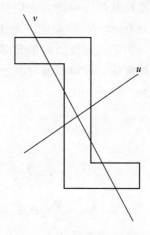

图 3.4-5　Z3 的受弯承载力相关曲线　　　　图 3.4-6　Z 形接近斜放的矩形

　　文献［42］与上述计算方法相同，只是混凝土的应力应变关系中考虑了箍筋约束引起的混凝土强度提高和在纵筋应力应变关系中考虑了强化段强度的提高，该文表明计算结果与试验结果吻合较好。如不考虑上述混凝土和纵筋强度提高的因素，则计算结果更偏于安全。文献［42］还使用异形柱规程[1]对 L 形、T 形、十字形柱的基本假定的计算公式，并对反复加载的试件考虑抗震调整系数 0.8，对 11 根 Z 形截面柱试件进行计算，得到的承载力试验值与计算值之比的平均值为 1.151，标准差为 0.108，变异系数为 0.094，表明二者吻合较好，且偏于安全。鉴于计算的准确性，对于正截面设计而言，增加 Z 形柱，在规程现有的计算公式范围内即可解决。

3.4.2　斜截面承载力

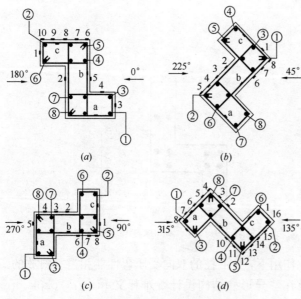

图 3.4-7　荷载作用方向与 Z 形柱截面工程轴夹角

(a) 加载角 0°（180°）；(b) 加载角 45°（225°）

(c) 加载角 90°（270°）；(d) 加载角 135°（315°）

　　就像正截面受弯承载力分析中一样，Z 形截面柱的受剪承载力也类似于矩形截面的斜向受剪，其斜向受剪承载力也呈椭圆状，只是斜了个角度。截至目前，Z 形截面柱受剪试验个数很少，多数是剪力沿截面肢的轴线（工程轴）方向作用，只有两个剪力不是沿截面肢轴线方向作用的，以下简称其是"斜向"剪力作用的。

　　现可收集到的 Z 形截面柱受剪强度试验的文献有李杰、曹万林、崔钦淑、季青、毛晓飞、洪炳钦所做[44~49]，其中只有文献［46］做了斜向受剪试验。该试验对各试件施加荷载相对于截面工程轴的角度如图 3.4-7 所示。

定义截面坐标系，荷载作用方向角如图 3.4-8 所示。试验得到的 Z 形截面柱双向受剪承载力与荷载作用方向的相关曲线如图 3.4-9 所示。借用文献〔46〕列出的数据如表 3.4-1 所示。表 3.4-1 中计算值 V_c 是采用异形柱规程征求意见稿的公式、即式（3.4-4）～式（3.4-8）计算得来的。

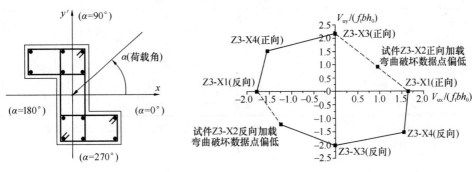

图 3.4-8　截面坐标系和荷载作用方向角

图 3.4-9　Z 形截面柱双向受剪承载力与荷载作用方向的相关曲线

Z 形截面柱受剪承载力的计算结果与试验结果的对比　　　表 3.4-1

试件来源	试件编号	柱肢高厚比	轴压比 n	α（°）		剪跨比 λ	混凝土抗拉强度 f_t (MPa)	混凝土抗压强度 f_c (MPa)	计算值 V_c (kN)	试验值 V_t (kN)	V_c/V_t	破坏形态
				正向	反向							
文献〔46〕	Z3-X1	3∶1	0.30	0	180	2.86	3.00	35.5	95.7	144.6	0.662	弯剪
	Z3-X2	3∶1	0.30	45	225	2.86	3.01	35.8	75.4	130.0	0.580	弯曲
	Z3-X3	3∶1	0.30	90	270	2.86	3.04	36.9	105.7	180.3	0.586	剪切
	Z3-X4	3∶1	0.30	135	315	2.86	2.95	34.0	102.6	180.4	0.569	剪切
文献〔44〕	Z2	4∶1	0.25	0	180	3.98	1.94	15.3	63.2	99.2	0.637	剪切
	Z3	5∶1	0.20	0	180	3.16	2.19	19.0	84.0	125.8	0.668	剪切
	Z4	5∶1	0.25	0	180	3.16	2.39	22.3	76.3	113.1	0.675	剪切
	Z5	6∶1	0.19	0	180	2.62	2.39	22.3	87.6	139.4	0.628	剪切
	Z6	6∶1	0.20	0	180	2.62	2.29	20.6	93.2	158.0	0.590	剪切
文献〔47〕	Z1	3∶1	0.30	90	270	4.80	2.26	20.1	56.3	81.0	0.695	剪切
	Z2	3∶1	0.24	90	270	4.80	2.19	19.0	51.6	70.5	0.732	剪切
	Z3	4∶1	0.30	90	270	3.50	2.07	17.2	68.7	101.8	0.675	剪切
	Z4	4∶1	0.24	90	270	3.50	2.41	22.6	103.5	130.4	0.794	剪切
文献〔48〕	ZSC-1	3∶1	0.20	0	—	1.20	2.35	21.6	53.8	78.0	0.690	剪切
	ZSC-2	3∶1	0.50	0	—	1.20	2.27	20.2	56.6	88.1	0.642	剪切
	ZSC-3	3∶1	0.50	0	—	3.00	2.27	20.2	42.0	70.8	0.593	弯剪
	ZSC-5	4∶1	0.20	0	—	1.20	2.33	21.3	55.3	80.5	0.687	剪切

试件来源	试件编号	柱肢高厚比	轴压比 n	α (°) 正向	α (°) 反向	剪跨比 λ	混凝土抗拉强度 f_t (MPa)	混凝土抗压强度 f_c (MPa)	计算值 V_c (kN)	试验值 V_t (kN)	V_c/V_t	破坏形态
文献[49]	ZC-1	3:1	0.15	90	—	1.05	2.31	21.0	57.3	81.1	0.707	剪切
	ZC-2	3:1	0.20	90	—	1.05	2.31	21.0	60.6	88.7	0.683	剪切
	ZC-3	3:1	0.30	90	—	1.05	2.31	21.0	65.3	101.9	0.641	剪切
	ZC-4	4:1	0.20	90	—	1.05	2.31	21.0	45.8	76.1	0.602	剪切
	ZC-5	3:1	0.15	90	—	1.05	2.31	21.0	55.1	74.2	0.743	剪切

注：试件 Z3-X2 为弯曲破坏，按文献 [42] 的方法计算水平承载力；试件 Z3-X1 和 ZSC-3 为弯剪破坏，取剪切破坏和弯曲破坏计算值的较小者。

无地震作用组合

$$V_c \leqslant 0.25 f_c b_c h_{c0} \tag{3.4-4}$$

$$V_c \leqslant \frac{1.75}{\lambda + 1.0} f_t b_c h_{c0} + f_{yv} \frac{A_{sv}}{s} h_{c0} + 0.07N \tag{3.4-5}$$

有地震作用组合

剪跨比大于 2 的柱：
$$V_c \leqslant \frac{1}{\gamma_{RE}} (0.2 f_c b_c h_{c0}) \tag{3.4-6}$$

剪跨比不大于 2 的柱：
$$V_c \leqslant \frac{1}{\gamma_{RE}} (0.15 f_c b_c h_{c0}) \tag{3.4-7}$$

$$V_c \leqslant \frac{1}{\gamma_{RE}} \left(\frac{1.05}{\lambda + 1.0} f_t b_c h_{c0} + f_{yv} \frac{A_{sv}}{s} h_{c0} + 0.056N \right) \tag{3.4-8}$$

式中　λ——剪跨比。取柱上、下端组合的弯矩计算值 M_c 的较大值与相应的剪力计算值 V_c 和柱肢截面有效高度 h_{c0} 的比值，即 $\lambda = M_c/(V_c h_{c0})$；当柱的反弯点在层高范围内时，均可取 $\lambda = H_n/(2h_{c0})$；当 $\lambda < 1.0$ 时，取 $\lambda = 1.0$；当 $\lambda > 3$ 时，取 $\lambda = 3$；此处，H_n 为柱净高；λ 取截面两工程轴方向的较大者。

N——无地震作用组合时，为与荷载效应组合的剪力设计值 V_c 相应的轴向压力设计值；有地震作用组合时，为有地震作用组合的轴向压力设计值，当轴向压力设计值 $N > 0.3 f_c A$ 时，取 $N = 0.3 f_c A$；此处，A 为柱的全截面面积；

b_c——验算方向的柱肢截面厚度；

h_{c0}——验算方向的柱肢截面有效高度；

A_{sv}——验算方向的柱肢截面厚度 b_c 范围内同一截面箍筋各肢总截面面积；$A_{sv} = nA_{sv1}$，此处，n 为 b_c 范围内同一截面内箍筋的肢数，A_{sv1} 为单肢箍筋的截面面积；

s——沿柱高度方向的箍筋间距。

文献 [50] 使用 ANSYS 软件模拟计算了荷载沿各方向角作用的 Z 形柱受剪承载力，其画出相关曲线（图 3.4-10）是与试验结果曲线（图 3.4-9）类似的，即是斜放的椭圆形。由此相关曲线形状，可知 Z 形截面柱斜向受剪承载力与矩形截面柱的相似，区别只是相差了个角度，该角度就是截面主轴的倾斜角度 β，如图 3.4-11 所示。

如果箍筋强度仍采取截面工程轴方向的强度，只要确定等效矩形截面的宽 B 与高 H，再按照矩形截面斜向受剪计算结果与试验结果比较来确定适当的计算系数，就可得到 Z 形截面斜向受剪承载力计算公式。

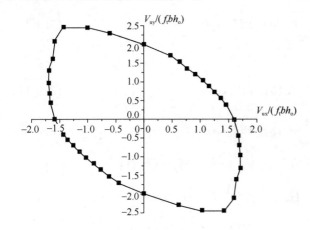

图 3.4-10　与 Z 形截面等效的矩形截面　　　图 3.4-11　与 Z 形截面等效的矩形截面

对于图 3.4-10 所示截面惯性主轴 uOv 坐标系，其与工程轴 xOy 坐标系的夹角为 β，工程轴 xOy 坐标系下的荷载作用方向角 α，则在截面惯性主轴 uOv 坐标系下荷载作用方向角为 $\theta = \alpha - \beta$。则在截面惯性主轴坐标系下的受剪承载力公式如下：

无地震作用组合

$$V_u \leqslant 0.25 f_c HB_0 \cos\theta \tag{3.4-9}$$

$$V_v \leqslant 0.25 f_c BH_0 \sin\theta \tag{3.4-10}$$

式中　V_u——u 轴方向的剪力计算值，对应的截面有效高度为 B_0，截面宽度为 H；

　　　V_v——v 轴方向的剪力计算值，对应的截面有效高度为 H_0，截面宽度为 B；

　　　θ——斜向剪力设计值 V 的作用方向与 u 轴的夹角，$\theta = \arctan(V_v/V_u) = \arctan(V_y/V_x) - \beta$。

矩形截面柱在斜向水平荷载作用下的受剪承载力相关曲线呈椭圆形，如图 3.3-1 所示，数学方程见式（3.3-1）。为了得到安全可靠的设计结果，《混凝土结构设计规范》GB 50010—2010 规定采用超强设计法设计，其计算公式为：

$$V_u \leqslant \frac{V_{uu}}{\zeta_u} = \frac{V_{uu}}{\sqrt{1 + \left(\dfrac{V_{uu}}{V_{uv}} \tan\theta\right)^2}} \tag{3.4-11}$$

$$V_v \leqslant \frac{V_{uv}}{\zeta_v} = \frac{V_{uv}}{\sqrt{1 + \left(\dfrac{V_{uv}}{V_{uu} \tan\theta}\right)^2}} \tag{3.4-12}$$

u 轴、v 轴方向的斜截面受剪承载力设计值 V_{uu}、V_{uv} 应按下列公式计算：

$$V_u \leqslant \frac{1.75}{\lambda + 1.0} f_t HB_0 + f_{yv} \frac{A_{sv}}{s} B_0 + 0.07N \tag{3.4-13}$$

$$V_v \leqslant \frac{1.75}{\lambda + 1.0} f_t BH_0 + f_{yv} \frac{A_{sv}}{s} H_0 + 0.07N \tag{3.4-14}$$

地震作用组合

剪跨比大于 2 的柱:

$$V_u \leqslant \frac{1}{\gamma_{RE}} 0.20 f_c HB_0 \cos\theta \tag{3.4-15}$$

$$V_v \leqslant \frac{1}{\gamma_{RE}} 0.20 f_c BH_0 \sin\theta \tag{3.4-16}$$

剪跨比不大于 2 的柱:

$$V_u \leqslant \frac{1}{\gamma_{RE}} 0.15 f_c HB_0 \cos\theta \tag{3.4-17}$$

$$V_v \leqslant \frac{1}{\gamma_{RE}} 0.15 f_c BH_0 \sin\theta \tag{3.4-18}$$

u 轴、v 轴方向的斜截面受剪承载力设计值 V_{uu}、V_{uv} 应按下列公式计算:

$$V_u \leqslant \frac{1}{\gamma_{RE}} \left[\frac{1.05}{\lambda + 1.0} f_t HB_0 + f_{yv} \frac{A_{sv}}{s} B_0 + 0.056N \right] \tag{3.4-19}$$

$$V_v \leqslant \frac{1}{\gamma_{RE}} \left[\frac{1.05}{\lambda + 1.0} f_t BH_0 + f_{yv} \frac{A_{sv}}{s} H_0 + 0.056N \right] \tag{3.4-20}$$

公式 (3.4-17) 和公式 (3.4-18) 比较重要,因为工程中的 Z 形柱多属于剪跨比不大于 2 的柱。

等效矩形尺寸的确定:等效矩形的高 H 可设为 Z 形柱腹板高度 b_f 的某个比例数,即 $H = \eta b_f$,η 为大于 1 的比例系数,调整此系数就可调整 Z 截面柱两主轴方向受剪承载力的大小,等效矩形的宽取 $B = A_c/H$,这里 A_c 为 Z 形柱截面面积。$H_0 = H - a$、$B_0 = B - a$,a 为受力纵筋重心至截面近边的距离,可与 Z 形截面工程轴方位时的取值相同。式 (3.4-19) 与式 (3.4-20) 中的 A_{sv} 也与工程轴方位时取相同的值,即两肢箍筋的截面面积 $A_{sv} = 2A_{sv1}$ (这里 A_{sv1} 为单肢箍筋截面面积)。比照试验结果,确定合适的比例系数 η (它是截面主轴与工程轴夹角的函数),就可得到可用的计算公式了。

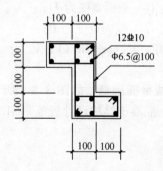

图 3.4-12　试件 Z3-X2、
Z3-X4 截面 (mm)

Z 形截面斜向受剪的 Z 形柱,当斜向剪力设计值 V 的作用方向与截面主轴 u 的夹角在 0°~10° 或 80°~90° 时,可仅按主轴方向 u 或 v 单向受剪构件进行截面承载力计算。

以下是取 $\eta = 1.2$ 计算仅有的两个非工程轴作用剪力的试件,即上面所列的 Z3-X2 试件和 Z3-X4 试件,其截面尺寸如图 3.4-12 所示。

根据截面尺寸和形状,将截面沿水平向分成 3 个矩形,并应用平行轴定理,得到

$$I_x = \frac{1}{12} \times 100 \times 300^3 + \frac{2}{12} \times 100 \times 100^3 + 2 \times 100^2 \times 100^2$$

$$= 441666667 \text{mm}^4$$

$$I_y = \frac{1}{12} \times 300 \times 100^3 + \frac{2}{12} \times 100 \times 100^3 + 2 \times 100^2 \times 100^2$$

$$=241666667\text{mm}^4$$

$$I_{xy}=-2\times100^2\times100\times150=-300000000\text{mm}^4$$

$$\tan2\beta=\frac{2I_{xy}}{I_y-I_x}=\frac{-2\times300000000}{241666667-441666667}=\frac{-600000000}{-200000000}=3$$

$$2\beta=71°34'$$

算出截面主轴 u 与工程轴 x 的夹角 $\beta=35°47'$。

Z3-X2 试件荷载作用与截面主轴 u 的夹角为 $\theta=45°-35°47'=9°13'<10°$；Z3-X4 试件荷载作用与截面主轴 u 的夹角为 $\theta=135°-35°47'=99°13'$，其与 v 轴夹角 $<10°$，两试件均可按主轴方向 u 或 v 单向受剪计算。两试件的箍筋强度均是 $f_{yv}=277\text{MPa}$。

$H=\eta b_f=1.2\times300=360\text{mm}$，$B=A_c/H=50000/360=139\text{mm}$，$H_0=H-a=360-25=335\text{mm}$、$B_0=B-a=139-25=114\text{mm}$，并对试件取 $\gamma_{RE}=1.0$。

对于两试件，截面限制条件式（3.4-17）和式（3.4-18）不起控制作用，不详述了。

对 Z3-X2 试件

$$\begin{aligned}V_u&=\frac{1.05}{\lambda+1.0}f_t HB_0+f_{yv}\frac{A_{sv}}{s}B_0+0.056N\\&=\frac{1.05}{2.86+1}\times3.01\times360\times114+277\times\frac{2\times33.2}{100}\times114\\&\quad+0.056\times0.3\times35.8\times50000\\&=33600+20968+30072=84640\text{N}\end{aligned}$$

对 Z3-X4 试件

$$\begin{aligned}V_v&=\frac{1.05}{\lambda+1.0}f_t BH_0+f_{yv}\frac{A_{sv}}{s}H_0+0.056N\\&=\frac{1.05}{2.86+1}\times2.95\times139\times335+277\times\frac{2\times33.2}{100}\times335\\&\quad+0.056\times0.3\times34.0\times50000\\&=37364+61616+28560=127540\text{N}\end{aligned}$$

两试件的 V_c/V_t 分别为 0.651 和 0.707，与其他试件的该指标相近。由本两试件来看，系数 η 的取值 1.2 是合适的。可见，以上方法可行，只待再有斜向受剪试验结果，对比计算结果后，调整系数 η 的取值。

表 3.4-1 中绝大多数试件（即除去 Z3-X2 试件和 Z3-X4 试件）的荷载角度是关于工程轴 x 是 0°或 90°的。其计算结果是依据《异形柱规程》征求意见稿 2012 的公式得来的。Z3-X2 试件和 Z3-X4 试件的计算结果是按文献［46］中提出的算法计算得来的，因为文献［46］的算法过于复杂，不便理解，这里就不介绍了。

《异形柱规程》征求意见稿 2012 对于 Z 形截面柱受剪计算的适用范围。

众所周知：异形柱规程 2006 对于 L 形、T 形、十字形柱受剪的适用范围是包括柱受到斜向受剪作用的。《异形柱规程》征求意见稿 2012 增加了 Z 形截面柱的规定，没指出斜向受剪如何处理，给人的感觉：对于 Z 形截面柱其也适用于斜向受剪作用的。以下是《异形柱规程》征求意见稿 2012 条文说明中一段话：

按公式（5.2.1-1）、式（5.2.2-1）计算与9个Z形柱单调加载试验结果比较，计算值与试验值之比的平均值为0.665，变异系数为0.074；按公式（5.2.1-2）、式（5.2.1-3）和公式（5.2.2-2）计算与6个Z形柱往复加载试验结果比较，计算值与试验值之比的平均值为0.697，变异系数为0.101，彼此吻合较好，是足够安全的。

其中公式（5.2.1-1）、式（5.2.2-1）即本书公式（3.4-4）、式（3.4-5）。9个Z形柱单调加载试验结果就是表3.4-1中最下面的9个试件，读者可自行计算得到计算值与试验值之比的平均值为0.665，变异系数为0.074；另《异形柱规程》征求意见稿2012公式（5.2.1-2）、式（5.2.1-3）和公式（5.2.2-2）就是本书的公式（3.4-6）、式（3.4-7）和公式（3.4-8）。抑算表3.4-1中的文献［47］的4个试件和文献［46］的Z3-X1试件和Z3-X3试件共6个Z形柱往复加载试件结果，计算值与试验值之比的平均值为0.691，变异系数为0.101，可见征求意见稿2012出现笔误了，均值不是0.697，而是0.691，我们的目的是找到此数据来源的6个试件，以便知道由此数据确定的计算公式的适用范围。建议规范和规程条文说明给出数据的来源，免得读者查找和统计计算的困难和费时。不知数据来源和适用范围，无法判断由其导出的公式和结论的真伪。

由以上计算找到，参加统计的这9+6个试件均是剪力作用在Z形截面工程轴方向的。用这样的数据只能证明Z形截面柱在受到工程轴方向的剪力时是安全的，不能证明其他方向剪力作用下柱是安全的。况且，文献［46］的试验和分析已说明了剪力作用方向角与工程轴呈45°时是最危险的情况。征求意见稿2012采取了文献［46］4个试件中的2个，为什么要对最危险的Z3-X2试件视而不见？可能是撰稿人不了解柱斜向受剪的危害？抑或只是为了图省事，而不知降低结构安全度到了什么程度。个别的数据不真，导致包括本书作者二十年研究成果在内的全国众多学者异形柱结构其他各方面的研究成果也得不到及时、广泛地应用，实在令人遗憾。

以下简述下本书提出的Z形截面柱受剪设计过程：

对于剪力沿工程轴方向及与其偏差不超过10°作用，采用式（3.4-4）～式（3.4-8）计算。

对于剪力沿截面主轴方向及与其偏差不超过10°作用，采用式（3.4-9）、式（3.4-10）、式（3.4-13）～式（3.4-20）计算。

对于剪力沿其他角度作用，采用式（3.4-9）～式（3.4-20）计算。

3.5 配置新强度级别钢筋的异形柱延性与相应轴压比和配箍特征值要求

本节简要介绍许贻懂、王启文、陈云霞[51,52]对《混凝土异形柱结构技术规程》JGJ 149—2006（以下简称《规程》）修订中轴压比限值需要考虑的内容，以及钢筋混凝土异形柱延性计算程序的原理，程序与试验结果进行了对比，两者吻合的较好；进而对不同几何和配筋参数的异形柱进行了延性分析，回归得到相应的轴压比限值；最后在此研究的基础上，提出与异形柱结构延性的几个相关问题，供《规程》修订参考。

首先，由于《混凝土结构设计规范》GB 50010—2010对钢筋部分的内容作了新的规定，从经济节能等角度提倡采用高强钢筋（增加 HPB300 级钢、HRB500 级钢）并淘汰低强钢筋 HPB235、HRB335；而异形柱若采用高强钢筋作为箍筋，相比低强钢筋轴压比限值情况又是如何呢？为了与《混凝土结构设计规范》GB 50010—2010 一致，需要对采用高强钢筋作为箍筋的异形柱作进一步研究；随着《规程》发行实施，设计人员经常在异形柱结构中遇到 Z 形截面柱，而《规程》中仅对 L 形、T 形、十字形柱有规定，为了指导设计，本次修订提出增设 Z 形截面柱的设计条文。其次，简要介绍钢筋混凝土异形柱延性的计算程序的原理，程序与实验结果对比，由于两者吻合的较好；进而对不同参数的异形柱进行了延性分析，回归得到相应的轴压比限值。

3.5.1 《规程》修订中轴压比限值的修订需要考虑的内容

（1）为了与即将发行的《混凝土结构设计规范》一致，修订增设 HRB500 箍筋对异形柱轴压比限值的影响；

（2）为了便于指导设计，本次修订需要纳入 Z 形截面柱的内容（包括轴压比限值）；

（3）需进行配 HRB500 钢筋的异形柱低周反复加载试验来验证异形柱的延性性能；

（4）补充 Z 形截面柱低周反复加载试验；

（5）综合考虑上述因素，对《规程》轴压比限值提出修订建议，并调整相应的配箍构造要求。

3.5.2 异形柱延性计算程序原理及与实验结果的对比分析

3.5.2.1 钢筋混凝土异形柱延性计算程序的原理

对于异形截面偏心受压柱来讲，由于其截面及配筋形式的特殊性，使得异形柱截面的弹性弯曲主轴倾斜于柱肢，在这种情况下，弯矩只要不是作用在异形柱截面的弹性弯曲主轴方向，截面就会产生双向弯曲，其受力情况是双向偏心受压。文［51，52］根据钢筋混凝土异形截面双向压弯柱的工作机理，由文献［53～56］中计算程序进行编制修改而成；其采用的基本假定及计算原理如下：

3.5.2.1.1 基本假定

（1）在整个受力过程中，截面的平均应变符合平截面假定；

（2）混凝土的抗拉强度忽略不计；压区混凝土的应力-应变关系采用改进的 Kent-Park 模型[57]（图 3.5-1），其反映了因箍筋配置造成的混凝土强度的提高以及峰值应变增大，考虑了体积配箍率、箍筋

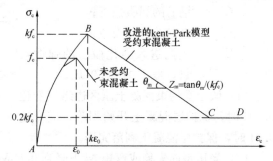

图 3.5-1 受约束混凝土应力-应变关系
（改进的 Kent-Park 模型）

屈服强度、箍筋间距对约束混凝土力学性能的影响。其表达式如下：

$$\text{AB 段}(\varepsilon_c \leqslant k\varepsilon_0): \qquad \sigma_c = kf_c\left[\frac{2\varepsilon_c}{k\varepsilon_0} - \left(\frac{\varepsilon_c}{k\varepsilon_0}\right)^2\right] \qquad (3.5\text{-}1)$$

$$\text{BC 段}(\varepsilon_c > k\varepsilon_0): \quad \sigma_c = kf_c[1 - Z_m(\varepsilon_c - k\varepsilon_0)], \sigma_c \geqslant 0.2kf_c \qquad (3.5\text{-}2)$$

$$Z_m = \frac{0.5}{\frac{3 + 0.29f'_c}{145f'_c - 1000} + 0.75\rho_{sw}\sqrt{\frac{h_c}{s_h}} - 0.002k} \qquad (3.5\text{-}3)$$

$$k = 1 + \rho_{sv} f_{yv} / f'_c \tag{3.5-4}$$

式中　k ——由于约束箍筋的存在，使混凝土强度增大的系数；

　　　ε_0 ——未约束混凝土达到最大应力时对应的应变值，取为 0.002；

　　　f'_c ——混凝土圆柱体抗压强度，近似取为 $f'_c = 0.80 f_{cu}$，f_{cu} 为我国混凝土立方体抗压强度；

　　　ρ_{sv} ——柱的体积配箍率；

　　　h_c ——约束箍筋外缘所包围的混凝土宽度；

　　　s_h ——箍筋的间距；

　　　f_{yv} ——箍筋屈服强度。

（3）纵向钢筋的应力-应变关系考虑了纵向钢筋的强化作用，取三折线模型（见图 3.5-2）

AA' 段（$|\varepsilon_s| \leqslant \varepsilon_y$）：　　　　　　$\sigma_s = E_s \varepsilon_s$ 　　　　（3.5-5）

AB 段或 $A'B'$ 段（$\varepsilon_y < |\varepsilon_s| \leqslant \varepsilon_{sh}$）：　$\sigma_s = f_y \dfrac{\varepsilon_s}{|\varepsilon_s|}$ 　　　（3.5-6）

BC 段或 $B'C'$ 段（$|\varepsilon_s| > \varepsilon_{sh}$）：

$$\sigma_s = E'_s (\varepsilon_s - \varepsilon_{sh}) + f_y \frac{\varepsilon_s}{|\varepsilon_s|} \tag{3.5-7}$$

式中　σ_s ——钢筋的应力值；

　　　ε_s ——钢筋的应变值；

　　　ε_y ——钢筋的屈服应变，$\varepsilon_y = \dfrac{f_y}{E_s}$；

　　　ε_{sh} ——钢筋的强化应变值；

　　　f_y ——钢筋的屈服强度；

　　　E_s ——钢筋的弹性模量；

　　　E'_s ——钢筋进入强化段后的弹性模量，取 $E'_s = 0.01 E_s$。

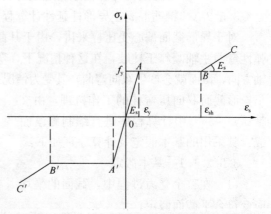

图 3.5-2　钢筋的应力-应变关系

（4）假定受约束混凝土压区边缘应变达 0.004 时，保护层混凝土开始剥落，应变达 0.01 时，保护层混凝土剥落完毕。

（5）受压钢筋失稳或弯矩 M 下降到 $0.85 M_{max}$ 时的截面曲率作为极限曲率 φ_u。

受压纵筋失稳时的压应变值[58] 按下式进行计算：

$$\varepsilon_b = 42200 \left(\frac{s}{d} \right)^{-0.412} \tag{3.5-8}$$

式中　ε_b ——受压纵筋的失稳应变；

　　　s ——箍筋间距；

　　　d ——受压纵筋的直径。

（6）将截面划分为若干个小矩形单元，并近似认为单元上混凝土应力均匀分布，且合力位于单元形心。

（7）忽略混凝土收缩、徐变的影响，不考虑钢筋在加载过程中的粘结滑移、截面抗扭刚度对变形的影响。

(8) 将异形柱的拉筋计入体积配箍率，且考虑了其对混凝土约束的有利影响。

3.5.2.1.2 异形柱截面曲率延性的计算原理

采用逐级加曲率的方法求得钢筋混凝土异形柱截面在轴力 N、弯矩作用方向角 α 作用下的 M-φ 曲线，进而求得截面的曲率延性比[59]。具体做法如下：

(1) 初步选定中和轴距坐标原点 O 的距离 R 以及中和轴法线角度 θ，从而可求得截面上各钢筋以及各混凝土单元形心至中和轴的距离；如图 3.5-3 所示：

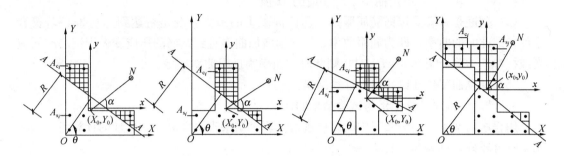

图 3.5-3 异形柱坐标系的建立

其中：X_0，Y_0——截面形心坐标；

A-A——截面中和轴；

R——中和轴至计算坐标原点的距离；

θ——通过原点的中和轴法线与 X 轴的夹角，即中和轴法线的方向角；

N——偏心作用轴力；

α——弯矩作用方向角，是指截面作用一偏心力 N 时，荷载作用点与形心的连线和形心 x 轴正向的夹角，规定逆时针为正。

(2) 确定初始截面曲率 φ_0，根据平截面假定可求得 i 点的应变 ε；再根据基本假定中混凝土和钢筋的应力-应变关系可求得 i 点混凝土和 j 根钢筋应力 σ_{ci}、σ_{sj}，则由力的平衡可求得截面内力为：

$$N = N_c + N_s = \sum_{i=1}^{n_c} \sigma_{ci} A_{ci} + \sum_{j=1}^{n_s} \sigma_{sj} A_{sj} \qquad (3.5\text{-}9)$$

$$M_x = \sum_{i=1}^{n_c} \sigma_{ci} (Y_{ci} - Y_0) A_{ci} + \sum_{j=1}^{n_s} \sigma_{sj} (Y_{sj} - Y_0) A_{sj} \qquad (3.5\text{-}10)$$

$$M_y = \sum_{i=1}^{n_c} \sigma_{ci} (X_{ci} - X_0) A_{ci} + \sum_{j=1}^{n_s} \sigma_{sj} (X_{sj} - X_0) A_{sj} \qquad (3.5\text{-}11)$$

式中　n_c——混凝土截面划分的单元数；

n_s——钢筋单元数，即钢筋的根数；

σ_{ci}，A_{ci}——第 i 个混凝土单元的应力和面积；

σ_{sj}，A_{sj}——第 j 根钢筋的应力和面积；

X_{ci}，Y_{ci}——第 i 个混凝土单元的形心点坐标；

X_{sj}，Y_{sj}——第 j 根钢筋的形心点坐标；

X_0，Y_0——截面形心坐标；

N——截面上的轴力；

M_x，M_y——分别为绕截面形心轴 x、y 轴的弯矩。

（3）将由式（3.5-9）求得的 N 与给定的 N' 比较、抵抗弯矩作用方向角 $\text{arctg}\dfrac{M_x}{M_y}$ 与给定的弯矩作用方向角 α 比较，看是否满足误差要求，若不满足，则分别改变中和轴位置参数 R 及法线角度 θ，重新进行计算，直到满足要求。此时的弯矩即为异形柱截面双向压弯柱在 N' 作用下，当给定曲率 φ 时相应的 M 值。

（4）判断是否有受拉钢筋屈服或受压区混凝土的最大应变是否达到 0.0033，若符合条件，则此时的曲率 φ 即为屈服曲率 φ_y；继续增加曲率直到钢筋的压应变大于钢筋压屈应变或抗弯能力降低至 $0.85M_{\max}$ 时，则此时的曲率为极限曲率 φ_u。

（5）计算曲率延性比并输出计算结果。

3.5.2.2　程序计算结果与试验结果的比较

用程序对文献〔60~62〕中的试件进行计算，结果表明截面曲率延性的计算值与试验结果吻合较好，见表 3.5-1。

<table>
<tr><td colspan="6">L 形、矩形、T 形、十字形截面柱理论计算值与试验结果的比较　　表 3.5-1</td></tr>
<tr><td>截面形式</td><td>试件编号</td><td>实验值 μ_φ</td><td>电算值 μ_φ</td><td>误差（%）</td><td>弯矩作用方向角（°）</td></tr>
<tr><td>L 形[61]</td><td>Z-4</td><td>3.59</td><td>3.86</td><td>−7.52</td><td>135</td></tr>
<tr><td>矩形[62]</td><td>Z-6</td><td>6.73</td><td>6.52</td><td>−3.1</td><td>15</td></tr>
<tr><td rowspan="6">十字形[62]</td><td>Z-2</td><td>13.06</td><td>14.18</td><td>8.6</td><td>15</td></tr>
<tr><td>Z-3</td><td>12.87</td><td>13.88</td><td>7.83</td><td>30</td></tr>
<tr><td>Z-4</td><td>11.44</td><td>14.46</td><td>26.4</td><td>45</td></tr>
<tr><td>Z-7</td><td>6.19</td><td>7.68</td><td>24.15</td><td>0</td></tr>
<tr><td>Z-8</td><td>6.42</td><td>7.96</td><td>24</td><td>15</td></tr>
<tr><td>Z-10</td><td>6.41</td><td>6.48</td><td>1.02</td><td>45</td></tr>
<tr><td rowspan="3">T 形[60]</td><td>No4</td><td>4.81</td><td>5.15</td><td>−7.07</td><td>22.5</td></tr>
<tr><td>No9</td><td>7.49</td><td>8.55</td><td>−14.15</td><td>67.5</td></tr>
<tr><td>No10</td><td>5.28</td><td>5.57</td><td>−5.49</td><td>90</td></tr>
</table>

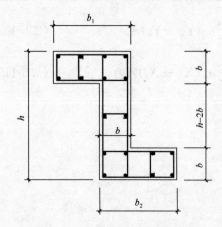

图 3.5-4　Z 形截面柱钢筋布置图

3.5.3　Z 形柱延性分析

由于 Z 形截面柱是《规程》计划新增加的柱类型，所以这里单独列一小节介绍。

3.5.3.1　计算参数

Z 形柱截面图及其各部分尺寸如图 3.5-4 所示。约定用数字表示为：$Zb \times h - b_1 - b_2$（mm）（例如 Z $200 \times 500 - 350 - 350$）。

（若 $b_1 = b_2$ 且 $h = b_1 + b_2 - b$，则为等肢 Z 形柱；否则为不等肢 Z 形柱）；由于等肢 Z 形柱截面具有反对称性，故计算时取等肢 Z 形柱弯矩作用方向角（°）：0，22.5，45，67.5，90，112.5，135，157.5，

180；取不等肢 Z 形柱弯矩作用方向角（°）：0，22.5，45，67.5，90，112.5，135，157.5，180；202.5，225，247.5，270，292.5，315，337.5，360；

标准轴压比：0.1，0.2，0.3，0.4，0.5，0.6；

纵筋（HRB335）直径 d（mm）：18～25；

箍筋（HPB300）直径（mm）：6～10；

混凝土强度等级：C30～C45；

箍筋间距 s（mm）：70～150。

Z 形截面柱纵筋、箍筋和拉筋均参照文献［2］的构造要求布置，见图 3.5-4。

3.5.3.2　各参数对 Z 形柱截面曲率延性的影响

（a）弯矩作用方向角和轴压比的影响

从图 3.5-5 可以看出，对于等肢 Z 形柱 Z 200×700－450－450，当轴压比不大于 0.3 时，弯矩作用方向角时，截面曲率延性最好，135°时截面延性最差；而对于不等肢 Z 形柱 Z 200×600－400－500，当轴压比不大于 0.3 时，弯矩作用方向角时，截面曲率延性最好，337.5°时截面延性最差；这主要是因为弯矩作用方向角的不同，Z 形截面柱受压区形状及受拉纵筋数量不同造成的。图 3.5-6 画出了其他条件相同的情况下，两种 Z 形柱的截面延性最好和最差弯矩作用方向角的中和轴示意图，从图中不难看出，在其他条件均相同的条件下，相比延性差的弯矩作用方向角，在延性好的弯矩作用方向角作用下，受压区宽度大，受拉纵筋少，受压区的高度相对较小，这样，在相同的拉筋屈服应变情况下，得到的屈服曲率偏小，另一方面在相同的纵筋压曲应变下，极限曲率就会偏大，从而得到截面曲率延性比较大，即截面延性好。另外，从图 3.5-5 还可看出，随着轴压比的增大（大于 0.3），弯矩作用方向角对 Z 形截面柱曲率延性的影响减小。

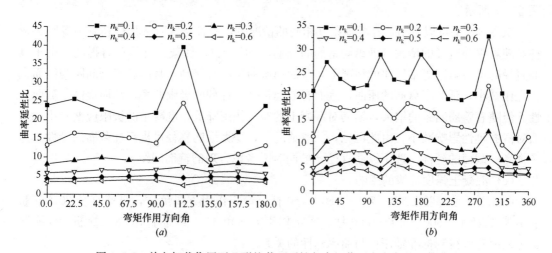

图 3.5-5　单向加载作用下 Z 形柱截面延性与弯矩作用方向角的系数曲线

（a）等肢 Z 形柱（Z 200×700－450－450）（C35，d＝18，箍筋直径为 8，箍筋间距为 100）；

（b）不等肢 Z 形柱（Z 200×600－400－500）（C35，d＝20，箍筋直径为 8，箍筋间距为 100）

此外，对不同 Z 形截面柱分析得到：对于等肢 Z 形柱，不同截面尺寸下延性最好和最差的弯矩作用方向角相同；但对于不等肢 Z 形柱，随着 Z 形柱的翼缘的不同且腹板高度的不同，延性最差、最好的弯矩作用方向角发生变化；当 Z 形柱一侧的翼缘减小到一定数量时，其延性变化规律向 L 形柱靠拢。这是由于随着截面尺寸的变化，在相同的弯矩作用方向角作用下，中和轴的位置不同，从面改变了受压区分布及高度，随着拉区和压区纵向钢筋到中和轴距离的变化，得到不同的屈服曲率和极限曲率，由此引起了曲率延性比的差异。

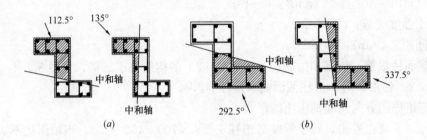

图 3.5-6　Z 形柱中和轴示意图

(a) Z 200×700－450－450；(b) Z 200×600－400－500

从分析电算结果可知，轴压比的大小是决定 Z 形柱破坏形态的重要指标，随着轴压比增大，Z 形截面柱由大偏心受压破坏发展为界限破坏、小偏心受压破坏，且截面曲率延性下降（见图 3.5-5）。

(b) 纵筋直径的影响

以截面 Z 200×700－450－450 和 Z 200×600－400－500，混凝土强度等级为 C35，箍筋直径为 8mm，弯矩作用方向角为 45°，标准轴压比 n_k＝0.3，0.4，0.5，箍筋间距 s＝60，80，100，120，140，150mm 为例加以分析，得到箍筋间距与曲率延性的关系曲线如图 3.5-7 所示。

从图 3.5-7 可以看出，在其他条件相同的情况下，不管是等肢 Z 形柱还是不等肢 Z 形柱，随着纵筋直径的增大（即纵向钢筋的配筋率的增大），柱截面延性略有提高。由于纵筋直径的增大，同等轴压比的情况下，截面屈服曲率略有提高，且随着箍筋间距与纵筋直径之比减小，延缓了纵筋的压曲，进而有效地提高了柱截面极限曲率，从而提高了截面延性。但随着箍筋间距的增大，箍筋对混凝土的约束作用降低，混凝土的极限应变减小，进而对截面延性影响减小。由此可见，一般情况下，增大纵筋直径可提高柱截面的延性。为了提高柱截面的延性，选用纵筋直径 d 的同时需考虑合理的箍筋间距 s。

(c) 混凝土强度等级的影响

图 3.5-8 是等肢 Z200×700－450－450 柱，弯矩作用方向角 0°，纵筋直径 20，箍筋和不等肢 Z200×600－400－500 柱，弯矩作用方向角 45°，纵筋直径 18，箍筋；变换混凝土强度等级得到标准轴压比与曲率延性的关系。

从图中不难看出，尽管 Z 形柱截面和弯矩作用方向角不同，但随着混凝土强度等级的提高，Z 形柱截面延性下降，且随着轴压比的增大，混凝土强度等级影响很小，基本可以忽略其影响。其实混凝土强度等级对 Z 形柱截面延性的影响主要融于轴压比的变化中，若受到相同外在轴压力时，提高混凝土强度等级，可以降低柱截面的轴压比，从而提高了柱截面的延性；但轴压比相同时，混凝土强度等级对 Z 形柱截面延性影响可以忽略不计（见图 3.5-8）。

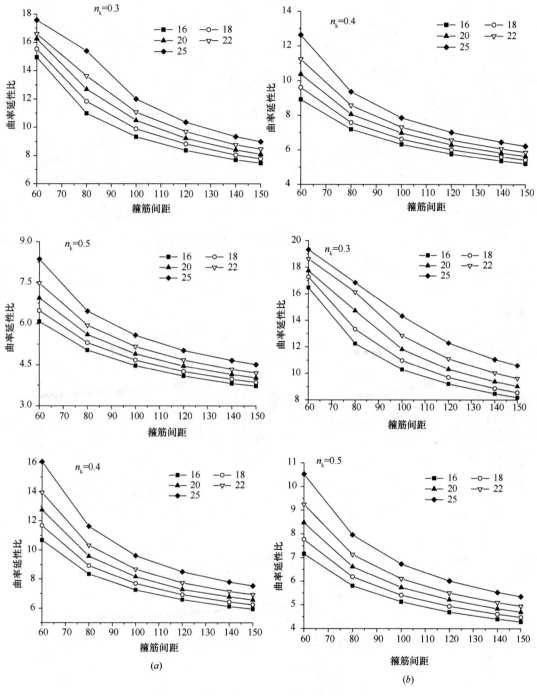

图 3.5-7　纵筋直径对 Z 形截面柱曲率延性的影响

(a) 200×700−450−450；(b) 200×600−400−500

（d）箍筋的横向约束能力的影响

表 3.5-2 为 Z 形柱在不同箍筋配置的情况下计算参数及非线性分析得到的计算结果，相应弯矩-曲率关系曲线见图 3.5-9 所示。从表 3.5-2 和图 3.5-9 可知，其他条件相同的情

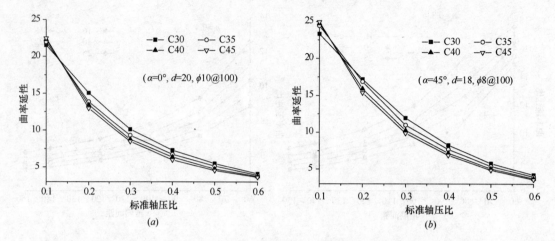

图 3.5-8 混凝土强度等级对 Z 形柱截面延性的影响

(a) 200×700−450−450；(b) 200×600−400−500

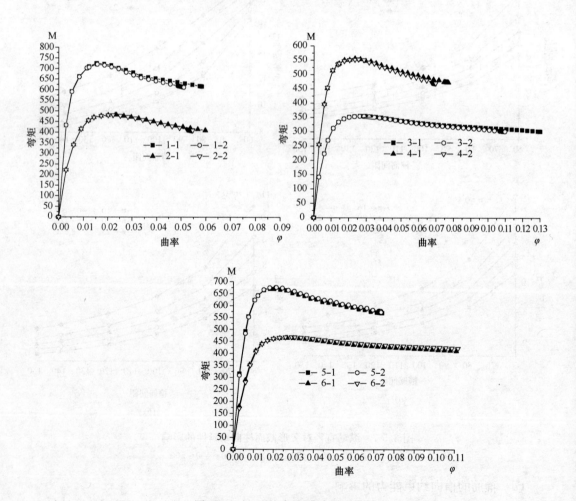

图 3.5-9 Z 形柱弯矩-曲率关系曲线

况下，不同的箍筋配置得到的屈服曲率大致相等。1-1 和 1-2 及 3-1 和 3-2 两组构件中，Z 形柱的体积配箍率相同，采用的箍筋比得到的极限曲率有所提高，从而 1-1 和 3-1 相应的曲率延性分别提高了 13.725% 和 19.090%，这主要是以下两方面的原因引起的，一方面由于其他条件相同的情况，采用较小的箍筋间距 s 得到的较小的箍筋间距与纵筋直径之比，也即减小了纵筋的无支撑长度，从而提高了纵筋的压曲失稳应变，延缓了纵筋的压曲失稳；另一方面，采用较小的箍筋间距 s 增加了横向钢筋对混凝土的约束能力，使得混凝土应力-应变关系曲线下降段趋于平缓，两个方面都不同程度地提高了柱截面的极限曲率，进而得到较高的延性。因此，当 Z 形柱采用相同的体积配箍率时，采用较小的箍筋直径及箍筋间距 s 比采用较大箍筋直径及箍筋间距 s 得到的柱截面延性好。另外，从 2-1 及 2-2、4-1 及 4-2、5-1 及 5-2 和 6-1 及 6-2 四组 Z 形柱构件中，其他条件相同，采用较大箍筋直径及箍筋间距 s 比较小的箍筋直径及箍筋间距 s 柱截面体积配箍率大，但由于随着箍筋间距 s 的增大，相应箍筋间距 s 与纵筋直径 d 之比 s/d 也大，对核心混凝土及纵筋的综合约束作用反而减弱，并不能有效的提高柱截面极限曲率，从而得到较低的延性。由此可见，采用较大的箍筋直径以提高体积配箍率而不减小箍筋间距 s 不一定能提高 Z 形柱的延性；只有同时考虑箍筋间距 s 对纵筋支撑长度达到一定要求时，增大体积配箍率，才能提高其相应的延性。

综上所述，与文献 [53，61，62] 相比，影响钢筋混凝土 Z 形截面柱延性的重要因素仍然是轴压比 n，弯矩作用方向角及箍筋的配置，纵筋直径是与箍筋间距综合起来影响柱截面延性，混凝土强度等级对 Z 形柱延性影响较小，基本可以忽略不计。不等肢 Z 形柱肢长对其延性的影响将在接下来的章节加以阐述。

3.5.4 Z 形截面柱轴压比限值

由于地震作用的方向是随机变动性，轴压比的问题应综合考虑同一直线正反两个弯矩作用方向角的情况，本节采用的统计分析方法与其他异形柱相同，见文献 [53]。

Z 形柱在不同箍筋配置下的计算参数及结果汇总表　　　　　表 3.5-2

编号	截面尺寸(mm)	设计轴压比 n	混凝土强度等级	纵筋直径(mm)	箍筋配置	s/d	体积配箍率及其搞高百分比		弯矩作用方向角(°)	破坏控制条件	屈服曲率 ϕ_y	极限曲率 ϕ_u	曲率延性比 μ_ϕ	$\dfrac{\mu_{\phi 2}-\mu_{\phi 1}}{\mu_{\phi 2}}$ (%)
							ρ_s (%)	搞高百分比 (%)						
1-1	Z200×700−450−450	0.50	C40	18	$\phi8@78$	4.33	1.51		0	135	$0.85M_{max}$	0.005	0.058	11.600	13.725
1-2					$\phi10@125$	6.94	1.51					0.005	0.051	10.200	
2-1		0.60	C45	20	$\phi8@95$	4.75	1.24	1.61		45	$0.85M_{max}$	0.009	0.060	6.667	9.098
2-2					$\phi10@150$	7.5	1.26					0.009	0.055	6.111	
3-1	Z200×600−400−500	0.50	C35	20	$\phi8@78$	3.90	1.50		0	45	纵筋压曲	0.008	0.131	16.375	19.090
3-2					$\phi10@125$	6.25	1.50					0.008	0.110	13.750	
4-1		0.60	C40	22	$\phi8@95$	4.32	1.23	1.63		90	$0.85M_{max}$	0.008	0.076	9.500	8.571
4-2					$\phi10@150$	6.82	1.25					0.008	0.070	8.750	

编号	计算参数								计算结果			
	截面尺寸 (mm)	设计轴压比 n	混凝土强度等级	纵筋直径 (mm)	箍筋配置	s/d	体积配箍率及其搞高百分比		弯矩作用方向角 (°)	破坏控制条件	屈服曲率 ϕ_y	极限曲率 ϕ_u	曲率延性比 μ_ϕ	$\dfrac{\mu_{\phi2}-\mu_{\phi1}}{\mu_{\phi2}}$ (%)
							ρ_s (%)	搞高百分比 (%)						
5-1 5-2	Z200× 700−450 −450	0.60	C35	22	$\phi8@80$ $\phi10@110$	3.64 5.0	1.47 1.72	17.01	90	$0.85M_{max}$	0.007 0.007	0.074 0.073	10.571 10.429	13.616
6-1 6-2	Z200× 600−400 −500	0.50	C40	25	$\phi8@80$ $\phi10@100$	3.2 4.0	1.46 1.88	28.77	45	纵筋压曲	0.008 0.008	0.138 0.133	17.250 16.625	3.759

注：M_{max}是指柱截面所能承受的最大弯矩值；$n=N/(f_cA)$。

3.5.4.1 不等肢 Z 形截面柱肢长比对其轴压比的影响

前面已提到，对于不等肢 Z 形柱随着肢长及腹板高度的变化，其延性最好和最差的弯矩作用方向角是变化的，而本节对 Z 形截面柱的轴压比分析是考虑最不利的弯矩作用方向角区域，因此，本节考究其肢长比的影响是从综合影响其轴压比的情况来加以分析的，间接反映了 Z 形柱截面在最不利方向角下其延性的好坏。采用文献［53］回归分析得到各不等肢 Z 形柱设计轴压比与配箍特征值的关系曲系，如图 3.5-10 所示。

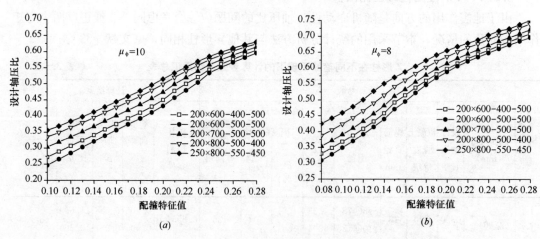

图 3.5-10　Z 形柱不同肢长时设计轴压比与配箍特征值关系曲线
(a) 等肢 Z 形柱；(b) 不等肢 Z 形柱

计算的 Z 形截面 Z200×600−400−500、Z200×600−500−500、Z200×700−500−500、Z200×800−500−400、Z250×800−550−450 两个方向的肢长比依次为 1.16、1.33、1.14、1.14、1.06；因此从图 3.5-10 可以看出，肢厚相同时，随两个方向肢长比的增大，Z 形柱轴压比下降，即截面的曲率延性下降，肢厚不同时，随着肢厚的增大，截面的延性也略有上升，此变化规律与其他不等肢异形柱相同[61]。另外，从图 3.5-10 还可以看出，Z200×700-500-500 和 Z200×800-500-400 两个方向肢长比均为 1.14，但腹板高的 Z 形柱截面延性要略好；需要特别说明的是，从本节回归分析 Z 200×500-350-350 和 Z 200×500-400-400 的结果来看，由于腹板高度太小，得到的轴压比相比其他 Z 形截面柱降低的较多；因此建议 Z 形柱腹板净高（$h-2b$）不宜小于 200mm。

3.5.4.2 各抗震等级下 Z 形柱轴压比限值及箍筋加密区箍筋最小配箍特征值的确定

对 34616 根 Z 形柱采用文献 [53] 的方法进行回归分析，并参考文献 [1] 分别取一、二、三、四级抗震等级下 Z 形柱的曲率延性比分别取为 11～12、9～10、7～8、5～6，且设计轴压比 $n=N/f_c A=1.68n_k$，则可得到各抗震等级下配箍特征值与设计轴压比 n 的关系曲线，如图 3.5-11 所示。

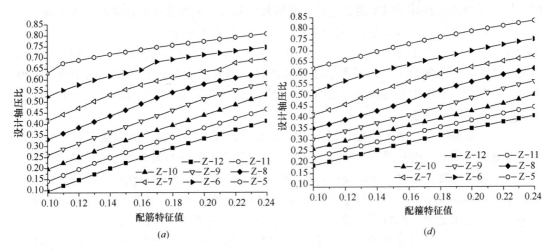

图 3.5-11 Z 形柱设计轴压比与配箍特征值的关系曲线

(a) 等肢 Z 形柱；(b) 不等肢 Z 形柱

注：Z-12 表示 Z 形柱截面曲率延性比取 12，其他类同

要确定轴压比限值，必须先确定 Z 形柱可能配置的配箍特征值的上限值，采用文献 [53] 的方法，以 Z200×600-400-400、混凝土强度等级采用 C40，HPB300 的箍筋为例加以分析，此时 $\lambda_v=270\rho_v/39=14.211\rho_v$；若采用 $\phi8@80$ 的箍筋，则 $\rho_v=0.0144$，$\lambda_v=0.20$；若采用 $\phi10@100$ 的箍筋，则 $\rho_v=0.0186$，$\lambda_v=0.26$；综合考虑 Z 形柱截面尺寸及混凝土强度等级的不同等因素的影响，框架结构和框架-剪力墙结构中 Z 形柱配箍特征值的上限值 λ_{vmax} 依次取为 0.21，0.23。由此可根据图 3.5-10 得到各抗震等级下 Z 形柱的轴压比限值，见表 3.5-3，并由图 3.5-10 设计轴压比与配箍特征值的关系曲线作适当调整后可得到 Z 形柱箍筋加密区的箍筋最小配箍特征值，如表 3.5-4 所示。

Z 形柱的轴压比限值 表 3.5-3

结构体系	抗震等级			
	一级	二级	三级	四级
框架结构	0.40	0.50	0.60	0.70
框架-剪力墙结构	0.45	0.55	0.65	0.75

抗震等级	柱轴压比									
	≤0.30	0.35	0.40	0.45	0.50	0.55	0.60	0.65	0.70	0.75
一级	0.17	0.19	0.21	0.23						
二级	0.12	0.14	0.16	0.18	0.21	0.23				
三级	0.10	0.12	0.13	0.15	0.17	0.19	0.21	0.23		
四级	0.09	0.10	0.11	0.12	0.13	0.15	0.17	0.19	0.21	0.23

3.5.4.3 结论和设计建议

（1）与L形、T形、十字形柱相同，影响Z形柱延性的主要因素仍然是弯矩作用方向角、轴压比和箍筋配置；对于不等肢Z形柱两肢长比及腹板高也有一定的影响，随着两肢长比的增大，其截面曲率延性下降，随腹板的增大，截面曲率延性提高，为了保证截面具有足够的延性，建议Z形柱腹板的净高（$h-2b$）宜不小于200mm。

（2）对于等肢Z形柱，当轴压比不大于0.3时，单向加载时延性最好的弯矩作用方向角为112.5°，最差角为135°；对于不等肢Z形柱，随着两肢长比及腹板高的变化，延性最好和最差的弯矩作用方向角是变化的；当轴压比大于0.3时，弯矩作用方向角对Z形柱截面曲率延性影响较小。

（3）一般情况下，增大纵筋直径，可使Z形柱延性有所提高，但纵筋对其延性的影响是跟箍筋的横向约束共同产生影响。因此选用纵筋直径的同时需合理考虑箍筋间距。

（4）随着混凝土强度等级的提高，Z形柱截面延性下降，但随着轴压比的增大，混凝土强度等级影响很小，基本可以忽略其影响。混凝土强度对Z形柱延性的影响主要反映于轴压比的变化之中，在相同的轴压比下，其对柱截面延性的影响很小。

（5）箍筋对Z形柱延性的影响主要是体现在对混凝土的横向约束能力和对受压纵筋压曲失稳应变；经分析，当体积配箍率时，采用较小的箍筋直径及箍筋间距 s 比采用较大箍筋直径及箍筋间距 s 得到的柱截面延性好；不同箍筋间距 s 和箍筋直径时，只有合理地确定箍筋间距 s，提高体积配箍率才能达到提高Z形柱截面延性的目的。

（6）最后通过电算回归分析，得到Z形柱各抗震等级下轴压比限值和箍筋加密区的箍筋最小配箍特征值的要求；见表 3.5-3 和表 3.5-4。

3.5.5 各抗震等级下异形柱轴压比限值

3.5.5.1 计算参数

标准轴压比：$n_k = 0.1$，0.2，0.3，0.4，0.5，0.6；混凝土强度等级：C30～C45；箍筋（HPB300，HRB500）的直径 d_v（mm）：6，8，10；箍筋间距（mm）：70～150；纵筋（HRB335，HRB500）直径 d（mm）：18，20，22，25；异形柱纵筋、箍筋和拉筋均参照文献 [1] 的构造要求布置。

等肢异形柱（L形、T形、十字形、Z形）截面尺寸：L200×500，T200×500，十200×500；Z200×500−350−350，Z200×600−400−400，Z200×700−450−450，Z200×800−500−500，Z250×800−525−525（需要特别说明的是：根据文献 [55，56]，L形、T形、十字形柱截面之间的轴压比偏差较小，200×500 截面柱设计轴压比最小，因此本节L形，T形，十字形柱选用 200×500 来计算分析；对于Z形柱计算仅考虑了HPB300 作为箍筋的情况）。

3.5.5.2 计算结果分析

首先确定 L 形、T 形、十字形及 Z 形截面柱在各标准轴压比下的最不利弯矩作用方向角区域（即正反相差 180° 的两个弯矩作用方向角的平均曲率延性比最小弯矩作用方向角区域），并计算该区域内各异形柱的曲率延性比 μ_φ；然后回归分析得到曲率延性比 μ_φ-配箍特征值 λ_v-标准轴压比 n_k 的关系式；若参考文献 [63] 分别取一、二、三、四级抗震等级下柱的曲率延性比 μ_φ 为 11～12、9～10、7～8、5～6；且设计轴压比 $n = \dfrac{N}{f_c A} =$

$$\dfrac{1.2N_k}{\dfrac{f_{ck}}{1.4}A} = 1.2 \times 1.4 \dfrac{N_k}{f_{ck}A} = 1.68n_k，则可反算得到各抗震等级下 \lambda_v 与 n 的关系曲线，如图$$

3.5-12 所示。

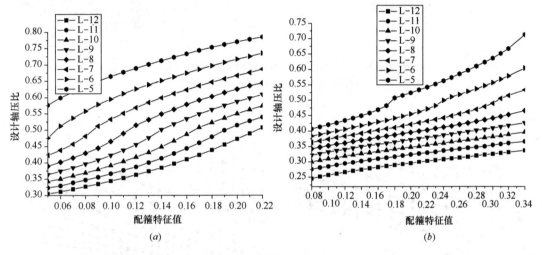

图 3.5-12　L200×500 配箍特征值-设计轴压比的关系

（a）箍筋采用 HPB300；（b）箍筋采用 HRB500

3.5.5.3 各抗震等级下异形柱轴压比限值

显然，要确定异形柱的轴压比限值，首先需确定异形柱可能配置的配箍特征值的上限值 λ_{vmax}，配箍特征值 λ_v 与异形柱箍筋加密区体积配箍率 ρ_v、混凝土轴心抗压强度设计值 f_c、箍筋及拉筋强度设计值 f_{yv} 有关[63]，即：$\lambda_v = \dfrac{f_{yv}}{f_c}\rho_v$。

上式表明：在综合考虑混凝土、箍筋及拉筋影响的情况下，λ_{vmax} 取决于施工中可能配置的最大体积配箍率 ρ_{vmax}。对于异形柱，考虑不同截面且配箍采用 $\phi10@80$，$\phi10@100$；配箍特征值的上限值见表 3.5-5。

	配箍特征值表	表 3.5-5
截面形式	HPB300	HRB500
L	0.21	0.34
T	0.22	0.35
十	0.23	0.36
Z	0.21	0.34

这样根据图 3.5-13～图 3.5-15 设计轴压比与配箍特征值的关系即可得到各抗震等级异形柱的轴压比限值，见表 3.5-6。

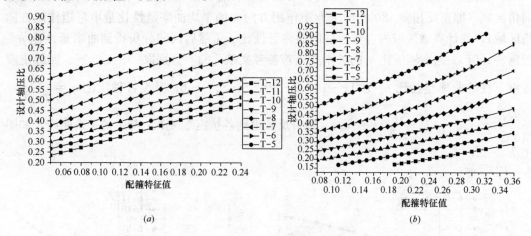

图 3.5-13　T200×500 配箍特征值-设计轴压比的关系

（a）箍筋采用 HPB300；（b）箍筋采用 HRB500

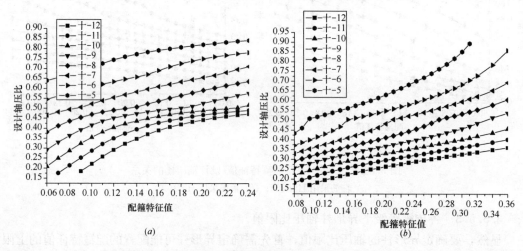

图 3.5-14　十 200×500 配箍特征值-设计轴压比的关系

（a）箍筋采用 HPB300；（b）箍筋采用 HRB500

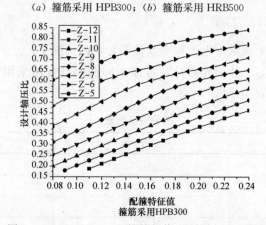

配箍特征值

箍筋采用HPB300

图3.5-15　Z250X800 配箍特征值-设计轴压比的关系

异形柱轴压比限值

表 3.5-6

截面形式	抗震等级				备注
	一级	二级	三级	四级	(采用箍筋钢筋级别)
L 形	0.35	0.45	0.55	0.65	HRB500
	0.40	0.50	0.60	0.70	HPB300
T 形	0.40	0.50	0.60	0.70	HRB500
	0.45	0.55	0.65	0.75	HPB300
十形	0.40	0.55	0.65	0.75	HRB500
	0.50	0.60	0.70	0.80	HPB300
Z 形 (HPB300)	0.35	0.40	0.55	0.65	Z200×500
	0.40	0.50	0.60	0.70	Z200×600
	0.40	0.54	0.60	0.70	Z200×700
	0.40	0.53	0.60	0.74	Z200×800
	0.45	0.55	0.62	0.74	Z250×800

从表 3.5-6 可以看出，采用高强钢筋作为箍筋，各截面形式异形柱轴压比限值比文献[1] 降 0.05；Z 形柱随截面尺寸增大，轴压比限值略有上升，为了便于指导设计，可以综合起来考虑，相应轴压比限值与 L 形柱相同。

3.5.5.4 与《规程》轴压比相关条文修订的两个问题

由于《混凝土结构设计规范》GB 50010—2010 及结合异形柱结构自身的特点，对《规程》中与结构延性相关的轴压比限值规定提出两个问题，供《规程》修订加以探讨。

（1）关于异形柱混凝土保护层厚度的问题

由于异形柱肢厚较小（200mm 或 250mm），混凝土保护层厚度直接影响着受约束混凝土的面积，从而对异形柱的截面延性影响较大；现有轴压比限值对异形柱延性的计算考虑其混凝土保护层厚度为 30mm，按《混凝土结构设计规范》GB 50010—2010 对混凝土保护层厚度的约定，对于 a，b 类使用环境均可满足要求。但对使用环境类别为 c，d 类，混凝土保护层厚度增加较多，异形柱受约束的核心混凝土面积减小较多，为了保证异形柱具有一定的延性，是否需要对此环境类别情况下异形柱轴压比限值进行降低，或者约定异形柱肢厚应采用 250mm。

（2）采用高强钢筋（500MPa）作为异形柱的纵筋和箍筋是否降低其轴压比限值的问题

从上述延性分析的计算原理可知，配高强钢筋的异形柱由于截面的屈服曲率增大，而相应极限曲率（从混凝土本构模型可以看出其下降段随钢筋强度升高变得更陡）降低，从而计算出来相应的延性有不同程度的降低；为保证异形柱的延性，轴压比限值需在原有的基础上降低 0.05；但从另一方面来讲，对于异形柱使用在高烈度区时，主要是受节点核心区抗剪来控制，且按文献 [1] 构造要求第 6.2.10 条二级抗震等级为 8@100，若采用高强钢筋其强度是否可以得到充分利用，即是否可达屈服；而对于低烈度区异形柱结构主要由轴压比来控制，高强钢筋应可充分发挥其作用；故从实际设计的角度来分析，是否可以保持二级及以上抗震等级轴压比不变，三级及以下轴压比限值降低 0.05。当然，这个问题可从《规程》修订后续的试设计工作阶段来进一步详细分析加以确定。

本章参考文献

[1] JGJ 149—2006，混凝土异形柱结构技术规程，北京：中国建筑工业出版社，2006.

[2] 混凝土异形柱结构技术规程征求意见稿，2012，国家工程建设标准化信息网，http：//www.risn.org.cn/.

[3] 忻鼎康、邓景纹. 钢筋混凝土 T 形截面柱双向轴压比及配筋研究[C]//王依群. 混凝土异形柱结构理论及应用. 北京：知识产权出版社，2006：42-48.

[4] 刘中吉. 不同配筋形式异形柱抗震性能研究[D]，天津，天津大学建筑工程学院，2007.

[5] 王依群、刘中吉、冉令謭：二级抗震等级异形柱框架结构抗震性能评价[J]，天津大学学报，2008，41(2)：209-214.

[6] 王依群，韩鹏，韩昀珈：梁钢筋部分移置梁侧楼板的现浇混凝土框架抗震性能研究[J]，土木工程学报，2012，45(8)：55-66.

[7] 刘光明，杨红，邹胜斌，白绍良：基于新规范的钢筋混凝土框架抗震性能评价[J]. 重庆建筑大学学报，2004，26(1)：40-49.

[8] 王依群. 钢筋混凝土框架柱配筋软件 CRSC 用户手册及编制原理(2011 版)，2011 年 5 月.

[9] 王依群. 平面结构弹塑性地震响应分析软件 NDAS2D 及其应用[M]. 北京：中国水利水电出版社，2006.

[10] 王依群. 混凝土结构设计计算算例(第 3 版)[M]. 北京：中国建筑工业出版社，2016.

[11] 严孝钦. 异形柱纵筋最小配筋率和保护层厚度对矩形柱承载力影响[D]. 硕士学位论文，天津大学，2010.5.

[12] 陈定外译. 结构用欧洲规范，欧洲规范 2，混凝土结构设计第一篇—总原则和房屋建筑各项规定. 中国建筑科学研究院结构研究所，1995.

[13] British Standard. Structural Concrete，Part 1. Code of Practice for Design and Construction. Bs8110，1997.

[14] Building Code Requirements for Structural Concrete(ACI 318-02) and Commentary (ACI 318R-02)，An ACI Standard. Reported by ACI Committee 318，American Concrete Institute，2002.

[15] CSA-A23. 3-94. Design of Concrete Structures. Structures(Design)，Canadian Standards Association. December 1994.

[16] New Zealand Standard，NS3101：part 1：Concrete Structures Standard，Part 1- the Design of Concrete Structures，1995.

[17] Deutsche Norm，DIN 1045-1，Tragwerk aus Beton，Stahlbeton and Spannbeton，Teil 1：Bemessung and Koustruktion. Juli 2001.

[18] 谭周玲，余瑜，傅剑平. 非抗震梁受拉钢筋最小配筋率取值分析与建议[J]. 重庆建筑大学学报，2003，25(2).

[19] 白绍良，徐有邻，傅建平. 钢筋混凝土构件纵向钢筋最小配筋率的功能与取值[J]. 建筑结构，2003，33(8)：3-8.

[20] 袁伦一. 钢筋混凝土受弯、受压构件及预应力混凝土受弯构件最小配筋百分率的说明和看法[J]. 公路，2007，1：62-67.

[21] GB 50010—2010，混凝土结构设计规范，北京：中国建筑工业出版社，2010.

[22] 美国混凝土学会发布. 张川，白绍良，钱觉时等译. 美国房屋建筑混凝土结构规范及条文说明[M]，重庆：重庆大学出版社，2007.141-145.

[23]　贡金鑫等. 中美欧混凝土结构设计（按欧洲规范）［M］，北京：中国建筑工业出版社，2007.200-300.

[24]　陈云霞，刘超等. T形、L形截面钢筋混凝土双向压弯构件正截面承载力的研究[J]. 建筑结构，1999(1).

[25]　周建中，陆春阳. 钢筋混凝土不等肢 L 形异形柱承载力的理论研究[J]. 西安建筑科技大学学报，2001(2).

[26]　林宗凡，吴善能. L 形截面柱的合理配筋形式[J]. 工业建筑，1999，29(2)：25-28.

[27]　陈裕周，朱伯龙，喻永言. 斜向水平荷载作用下钢筋混凝土柱抗剪强度的试验研究. 上海：同济大学工程结构研究所，1986.

[28]　Kyuichi, Maruyama, Horaclou Tamiez, James 0. Jirsa. Short RC columns under bilateral load histories. Journal of Sturctural Engineering，1984，10(1)：121-137.

[29]　Kyle A. Woodward, James 0. Jirsa. Influence of reinforcement on RC short column lateral resistance. Journal of Sturctural Engineering，1984，10(1)：90-104.

[30]　戎贤，王铁成，康谷贻. 钢筋混凝土框架柱双向受剪承载力分析. 地震工程与工程振动，2002，20(5)：46-52.

[31]　傅剑平，张川，钟树生. 钢筋混凝土框架柱双向受剪承载力计算方法探讨. 重庆建筑大学学报，2000，22(5)：17-22.

[32]　曾庆响，肖芝兰. 钢筋混凝土双向受弯构件抗剪影响因素分析. 五邑大学学报，2002，16(4)：48-53.

[33]　肖芝兰，曾庆响. 双向受弯钢筋混凝土简支梁抗剪性能试验研究. 建筑科学，2001，17(4)：25-31.

[34]　伍卫秀，李焰. 集中荷载作用下 RC 双向受弯约束梁斜截面抗剪强度的计算. 南昌大学学报，2004，26(3)：76-81.

[35]　冯建平，陈谦，李志忠. 混凝土 L 形截面柱抗剪承载力的试验研究. 华南理工大学学报，1995，23(01)：68-75.

[36]　康谷贻，巩长江. 单调及低周反复荷载作用下异形截面框架柱的受剪性能. 建筑结构学报，1997，18(05)：22-31.

[37]　徐向东，康谷贻，姚石良. 单周及低周反复荷载作用下 T 形截面框架柱受剪性能的试验研究. 建筑结构，1999，(1)：27-30.

[38]　巩长江，康谷贻，姚石良. L 形截面钢筋混凝土框架柱受剪性能的试验研究. 建筑结构，1999，(1)：31-34.

[39]　王丹，黄承逵，刘明. 异形柱斜向受剪承载力的试验研究. 工程建设与设计，2006，(8)：57-60.

[40]　曲福来. 钢筋混凝土不等肢异形柱抗震性能试验研究（博士学位论文）. 大连：大连理工大学，1997.

[41]　徐海燕，薛海宏，袁志华. Z 形截面柱正截面承载力的试验与分析[J]. 华东交通大学学报，2004，21(1)：8-11.

[42]　崔钦淑，杨俊杰，王启文，许贻懂，康谷贻. 钢筋混凝土 Z 形截面双向压弯柱抗震性能试验研究[J]. 建筑结构学报. 2012，33(6)：77-85.

[43]　申冬建，陈云霞，赵艳静. Z 形截面钢筋混凝土偏压柱的简化设计方法[J]. 建筑结构，2001，31(11)：18-20.

[44]　李杰，吴建营，周德源，等. L 形和 Z 形宽肢异形柱低周反复荷载试验研究[J]. 建筑结构学报，2002，23(1)：9-15.

[45]　曹万林，黄选明，田宝发，等. 带暗柱 Z 形短柱抗震性能试验研究[J]. 世界地震工程，2003，19

（2）：45-49.

[46] 崔钦淑，杨俊杰，康谷贻. 钢筋混凝土 Z 形截面双向受剪柱抗震性能试验研究[J]. 建筑结构学报. 2013，34(8)：126-134，157.

[47] 季青. 低周反复水平荷载作用下 Z 形截面柱受剪性能试验研究与有限元非线性分析[D]. 杭州：浙江工业大学，2010.

[48] 毛晓飞. Z 形截面柱抗剪承载力试验研究与有限元非线性分析[D]. 杭州：浙江工业大学，2008.

[49] 洪炳钦. Z 形截面柱抗剪性能的试验研究[D]. 杭州：浙江工业大学，2008.

[50] 杜洪. RCZ 形柱双向受剪抗震性能试验研究及有限元分析[D]. 杭州：浙江工业大学，2015.

[51] 许贻懂，王启文. 关于 JGJ 49—2006《混凝土异形柱结构技术规程》修订中轴压比限值的研究[J]. 广东土木与建筑，2011(7)：3-7.

[52] 王启文，许贻懂，陈云霞. Z 形截面柱延性性能及轴压比限值研究[J]. 建筑结构，2013(1)：48-53.

[53] 赵艳静. 钢筋混凝土异形截面双向压弯柱延性性能的理论研究[D]. 天津：天津大学，1996.

[54] 赵艳静，陈云霞，王岭勇. 钢筋混凝土异形截面双向压弯柱延性性能的理论研究[J]. 建筑结构，1999(1)：2-7.

[55] 许贻懂. 钢筋混凝土异形框架柱延性设计的研究[D]. 天津：天津大学，2006.

[56] 王依群，许贻懂，陈云霞. 钢筋混凝土异形柱的轴压比限值与配箍构造[J]. 天津大学学报，2006，39(3)：295-300.

[57] Park R，Nigel P M M J，Wayne D G. Ductility of square-confined concrete columns. J Struct Div，ASCE，1982，108(ST4)：929-950.

[58] 曹祖同，陈云霞，王玲勇，等. 钢筋陶粒混凝土压弯构件强度、延性和滞回特性的研究[J]. 建筑结构学报，1988.6.

[59] 朱伯龙，董振祥. 钢筋混凝土非线性分析[M]. 上海：同济大学出版社，1984.

[60] 高云海. 钢筋混凝土 T 形截面双向压弯构件正截面强度、延性的试验及理论研究[D]. 天津：天津大学，1993.

[61] 刘超. 钢筋混凝土 L 形截面双向压弯构件正截面强度、延性的试验及理论研究[D]. 天津：天津大学，1994.

[62] 何培玲. 钢筋混凝土十字形截面双向压弯构件正截面承载力、延性的试验及理论研究[D]. 天津：天津大学，1996.

[63] 赵艳静，陈云霞，于顺泉. 钢筋混凝土异形截面框架柱轴压比限值的研究[J]. 天津大学学报，2004，37(7)：600-604.

第4章 异形柱框架结构房屋适用高度研究

本章对地震设防 6 度（0.05g）至 8 度半（0.30g）区典型开间和跨度的异形柱框架结构，按照《异形柱规程》征求意见稿 2012[1] 的规定进行了小震作用下的弹性设计，并按照《建筑抗震设计规范》GB 50011—2010 进行了罕遇地震作用下的弹塑性时程分析，在结果均满足两标准各相关指标要求的情况下，确定了各级地震设防要求的异形柱框架结构房屋的最大适用高度。

具体讲，异形柱规程修订建议影响房屋最大适用高度的主要因素有如下两个：

第一个因素是，经康谷贻老师提议对近年更多的异形柱梁柱节点试件试验结果的统计分析，满足安全可靠前提下，征求意见稿提高了节点截面剪压比限制，即将原规程公式（5.3.2-2）中的系数由 0.19 调整到 0.21，式（4-1）为调整后的公式。

$$V_j \leqslant \frac{0.21}{\gamma_{\mathrm{RE}}} \zeta_{\mathrm{N}} \zeta_{\mathrm{f}} \zeta_{\mathrm{h}} f_c b_j h_j \tag{4-1}$$

因多数情况下，由剪压比即该式控制待建房屋的高度。若不考虑其他因素影响，这次调整相当于房屋最大适用高度提高了 0.21/0.19＝1.105 倍。

第二个因素是，执行和参照《建筑抗震设计规范》GB 50011—2010，提高了地震作用下，强节点的剪力增大系数。由原来的"对二、三、四级抗震等级的框架结构，分别取 1.2、1.1、1.0"，调整为"对二、三、四级抗震等级的框架结构，分别取 1.35、1.2、1.0"。

第一个因素可使房屋最大适用高度有所提高，第二个因素会使其有所降低。综合考虑两因素，即比较两因素系数的大小，则得到四级抗震等级异形柱框架房屋最大适用高度有所提高；三级抗震等级的不提高，二级抗震等级的有所降低。本节的算例计算结果正好符合这一规律。

4.1 6 度（0.05g）地震设防区异形柱框架结构适用高度

4.1.1 结构及其小震弹性设计结果

高 10 层，层高均为 3m 的房屋位于 6 度（0.05g）区，Ⅱ类场地，地震分组第二组，查规程知属于三级抗震等级。各层平面如图 4.1-1 所示。算例中 L 形、T 形、十字形柱均为等肢截面柱，截面尺寸见表 4.1-1。梁柱和楼板的混凝土强度等级均为 C35；梁柱纵筋均采用 HRB400，箍筋和楼板钢筋采用 HPB300，纵筋保护层厚度为 30mm。屋面、楼面为现浇板，板厚为 100mm。楼面恒、活载分别为 8.0kN/m² 和 2.0kN/m²；屋面恒、活载分别为 8.0kN/m² 和 0.5kN/m²。

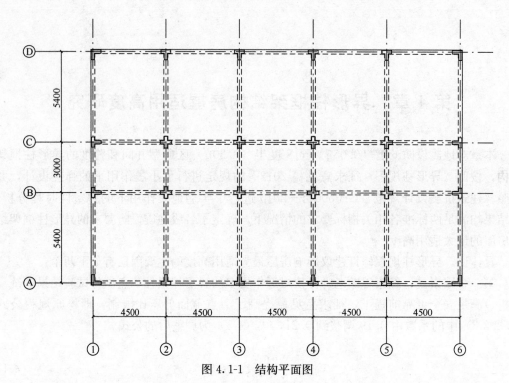

图 4.1-1　结构平面图

截　面　特　性　　　　　　　　　　　　　　　　　　　表 4.1-1

截面类型	配筋	尺寸（mm×mm）	截面积（m²）	惯性矩（m⁴）
1-2 层 T 形截面柱	12Φ16	250×650	0.2625	8.718×10⁻³
3-10 层 T 形截面柱	12Φ14	200×600	0.2000	5.787×10⁻³
1-2 层十字形柱	12Φ18	250×700	0.2875	7.732×10⁻³
3-10 层十字形柱	12Φ14	200×600	0.2000	3.867×10⁻³
1-2 层矩形梁	见图 4.1-8	250×500	0.1250	2.604×10⁻³
3-10 层矩形梁	见图 4.1-8	200×450	0.090	1.519×10⁻³

注：T 形截面柱的惯性矩为 T 形柱腹板方向的。

用 2011 年 3 月 31 日版 PKPM2010 对该结构建模。结构中 1、2 层由重力荷载代表值导来的单位面积质量为 1.428t/m²，3～9 层的单位面积质量为 1.339t/m²，第 10 层的单位面积质量为 1.234t/m²。通过 SATWE 计算得到结构的自振周期为 T_1＝1.199（横向，即沿平面图 4.1-1 中竖直方向），T_2＝1.176s，T_3＝1.082s。首层④轴处 T 形柱的轴压比为 0.51，十字形柱的轴压比为 0.62。再用 PKPM 通过梁平法画出梁结构施工图，得到结构平面图中④轴处一榀框架的梁配筋量如图 4.1-3 所示。

使用 CRSC 软件[2]计算，得到 1、2 层 T 形柱配筋为 12Φ16，3～10 层 T 形柱的配筋均为 12Φ14，1、2 层十字形柱配筋均为 12Φ18；3～10 层十字形柱配筋均为 12Φ14；首层的十字形柱框架节点的最大剪力 367.7kN，小于规程规定的剪压比限值数 1409.4kN，符合式（4-1）的要求。柱的截面尺寸及

图 4.1-2　④轴处的一榀框架

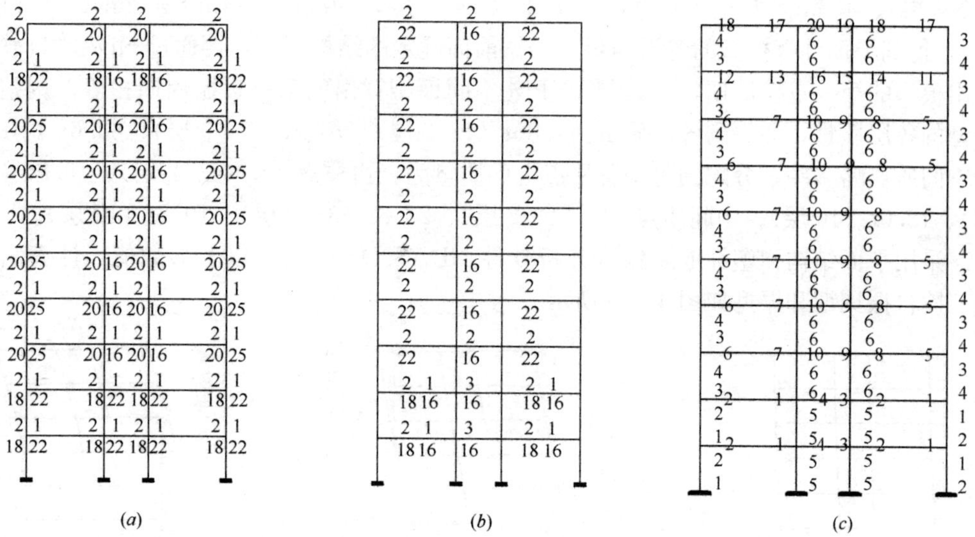

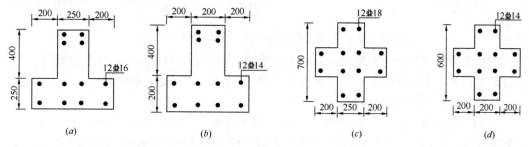

图 4.1-3 模型的 PKPM 计算得到的梁配筋量

（a）梁上筋；（b）梁下筋；（c）屈服面编号分布

注：其中（a）、（b）数字表示钢筋根数和钢筋直径

配筋形式如图 4.1-4 所示。

图 4.1-4 柱截面尺寸及配筋形式

（a）1、2 层 T 形柱；（b）3～10 层 T 形柱；（c）1、2 层十字形柱；（d）3～10 层十字形柱

考虑梁柱节点刚臂，根据《高层建筑混凝土结构技术规程》JGJ 3—2010 中第 5.3.4 条的公式，可计算得到刚臂数据如表 4.1-2 所示。

梁柱节点刚臂数据（m）　　　　　　　　　　　　　　　　表 4.1-2

梁位置	i 端 x 方向刚臂	j 端 x 方向刚臂
1、2 层左梁	0.276	0.225
1、2 层中梁	0.225	0.225
1、2 层右梁	0.225	0.276
3～10 层左梁	0.268	0.188
3～10 层中梁	0.188	0.188
3～10 层右梁	0.188	0.268

由一榀框架承担的竖向荷载面积乘单位面积质量，即 4.5m×14m×1.401＝88.3t

（1、2层）、4.5m×14m×1.394＝87.8t（3～9层）、4.5m×14m×1.269＝79.9t（10层），得到平面计算模型的各层质量。根据前面确定的结构刚度，再通过 NDAS2D 软件计算出模型的第一自振周期，令其与 PKPM 空间模型算出的第一自振周期相等，调整平面模型的各层质量，便得到各层质量为：80t（1、2层）、79.2t（3～9层）、65.6t（10层）。按中间质点略多些，分配到每层各质点上的质量为：边质点16t（1、2层）、15.8t（3～9层）、13.0t（10层）；中间质点24t（1、2层）、23.8t（3～9层）、19.8t（10层）。

采用平面结构弹塑性地震响应分析软件 NDAS2D[3]，输入以上的数值，计算结构的前三阶自振周期和振型如图 4.1-5 所示。

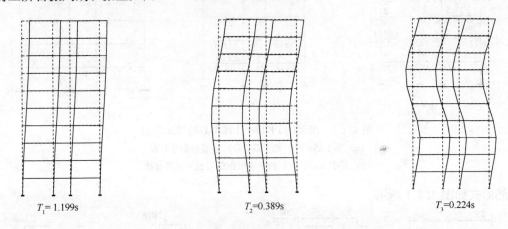

T_1＝1.199s　　　　　　T_2＝0.389s　　　　　　T_3＝0.224s

图 4.1-5　结构平面模型的前三阶自振周期和振型

按照梁板自重及可能有半楼层高的隔墙重量估算梁上的均布荷载，柱上荷载由该节点质量减去相邻梁上荷载确定，具体数值见下面的 NDAS2D 的输入数据文件。

4.1.2　弹塑性分析所需数据

用 MyN 软件计算柱 N-M 曲线，其中材料强度取平均值，混凝土强度为 32N/mm^2，梁筋强度为 432N/mm^2。将柱的尺寸及配筋信息输入到 MyN 软件中（图 4.1-6，图 4.1-7）得到柱的 N-M 数据，再将这些数据用三次多项式拟合，得到表 4.1-3 中柱的屈服面特性数据。

异形柱截面屈服面特性（屈服面代码＝4）　　　　　　　　　　　　表 4.1-3

截面	系数 a	系数 b	系数 c	系数 d	系数 e	系数 f	系数 g	系数 h	受拉屈服力 P_{yt}（kN）
1、2层 T形柱	367.5	0.2940	−6.150E-5	2.735E-9	269.6	0.2040	−1.270E-5	−1.482E-9	1042.3
上层 T形柱	270.1	0.2816	−7.653E-5	4.520E-9	179.7	0.1712	−4.611E-6	−3.186E-9	798.0
1、2层十字形柱	410.5	0.1417	−1.645E-5	−1.493E-10	410.5	0.1417	−1.645E-5	−1.493E-10	1319.2
上层十字形柱	222.4	0.1231	−1.928E-5	−2.688E-10	222.4	0.1231	−1.928E-5	−2.688E-10	798.0

本算例对结构分两种模型进行地震时程响应计算：其中模型 1 是把图 4.1-3 所示的梁配筋全部放在梁肋截面内，同时考虑每侧各 6 倍板厚宽度楼板的混凝土及其内钢筋的影响；模型 2 是把 60% 的梁上筋以及全部的梁下筋放在梁肋截面内，同时考虑每侧各 6 倍板厚宽度楼板的混凝土及其内钢筋的影响。就是说，模型 2 比模型 1 的梁上筋少配 40%。

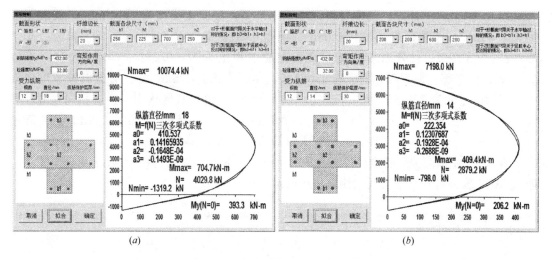

图 4.1-6　十字形柱 M-N 关系计算

（a）1、2 层十字形柱弯矩作用方向角＝0°、180°；（b）3～10 层十字形柱弯矩作用方向角＝0°、180°

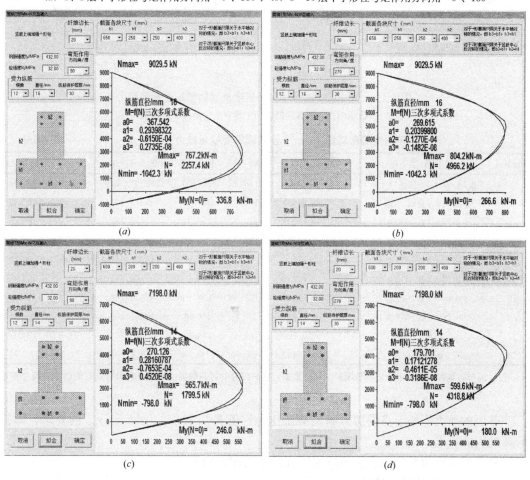

图 4.1-7　T 形柱 M-N 关系计算

（a）1、2 层 T 形柱弯矩作用方向角＝90°；（b）1、2 层 T 形柱弯矩作用方向角＝270°；
（c）3～10 层 T 形柱弯矩作用方向角＝90°；（d）3～10 层 T 形柱弯矩作用方向角＝270°

用 RCM 软件[4]计算，其中材料强度取平均值，混凝土强度为 32N/mm²，梁筋强度为 432N/mm²，板筋强度为 327N/mm²。由最小配筋率 $0.45 f_t / f_y = 0.45 \times 1.57 / 270 = 0.262\% > 0.2\%$。计算出单位宽度楼板配筋面积至少为：$0.262\% \times 1000 \times 100 = 262$ mm²/m。板上部、板下部分别配筋 $\phi 8@190$，实配面积 265 mm²/m。有效翼缘宽度内板上、下钢筋之和为 $2 \times 265 \times 100 \times 12/1000 = 636$mm²，再将其转化为梁主筋相同强度，即为 $636 \times 270 / 360 = 477$mm²，它占最大梁负筋 1118.9mm² 的 42.6%、占最小梁负筋 402mm² 的 1.19%，为简单计，取所有梁负筋的 40% 放入梁侧板中。

表 4.1-4 中前两种配筋梁及楼板的受弯承载力用 RCM 软件计算过程及结果见图 4.1-8。通过 RCM 软件得到其余梁及梁侧楼板抗弯承载力见表 4.1-4。

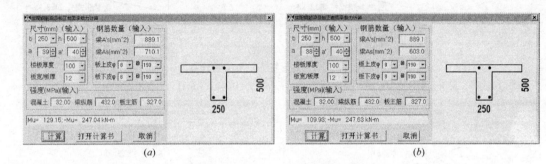

图 4.1-8　用 RCM 软件计算框架梁及梁侧楼板受弯承载力

(a) 考虑梁侧楼板及其钢筋；(b) 不考虑梁侧楼板及其钢筋

不同梁端配筋量（mm²）及其梁端受弯承载力（kN·m）　　　　表 4.1-4

编号	梁上筋/梁下筋	A'_s/A_s	M^+/M^-（模型 1）	$60\% A'_s/A_s$	M^+/M^-（模型 2）
1	2⏀18+1⏀22/2⏀18+16	889.1/710.1	129.15/−247.04	533.5/710.1	129.15/−182.36
3	2⏀18+1⏀22/3⏀16	889.1/603	109.93/−247.63	533.5/603	109.93/−182.80
5	2⏀20+1⏀25/2⏀22	1118.9/760	120.82/−252.42	671.3/760	121.15/−181.55
7	2⏀20+1⏀16/2⏀22	829.1/760	121.15/−206.70	497.5/760	121.15/−153.84
9	2⏀20+1⏀16/2⏀16	829.1/402	64.60/−208.40	497.5/402	64.60/−155.11
11	2⏀18+1⏀22/2⏀22	889.1/760	121.15/−216.27	533.5/760	121.15/−159.58
13	2⏀18+1⏀16/2⏀22	710.1/760	121.48/−188.04	426.1/760	121.15/−142.46
15	2⏀18+1⏀16/2⏀16	710.1/402	64.78/−189.58	426.1/402	64.60/−143.64
17	2⏀20/2⏀22	628.0/760	121.15/−174.65	376.8/760	121.15/−134.60
19	2⏀20/2⏀16	628.0/402	64.60/−176.08	376.8/402	64.60/−135.71

注：为节省篇幅，表中未给出偶数编号的屈服数据，偶数编号的屈服数据由相应奇数编号的屈服数据调换正负弯矩得到。

首层的最大框架节点的剪力满足剪压比允许值为 $0.21 \zeta_N \zeta_f \zeta_h f_c b_j h_j / \gamma_{RE}$ 的要求，即符合新规程的要求。

考虑了与重力载荷代表值相当的静载荷作用在结构上。

4.1.3　弹塑性时程计算

本算例采用平面结构弹塑性地震响应分析软件 NDAS2D，分别输入 El Centro 地震波（1940，南北向）、唐山地震北京饭店记录波（1976.7.28，东西向）和汶川地震理县记录波

(2008.5.12)。前两波波形见图 3.1-9、图 3.1-10，理县地震波波形见图 1.2-15。并将加速度幅值调整到 $0.125g$，以符合建筑抗震设计规范对 6 度($0.05g$)设防的罕遇地震规定值。得到结构的出铰顺序如图 4.1-9 所示。

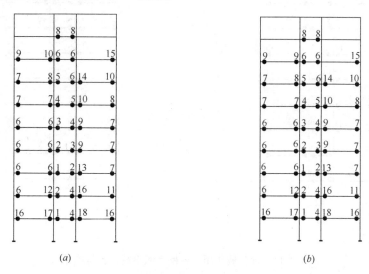

(a)　　　　　　　　　　　　(b)

图 4.1-9　El Centro 波作用下各模型的出铰位置与顺序
(a) 模型 1；(b) 模型 2

北京波作用下结果如图 4.1-10 所示。

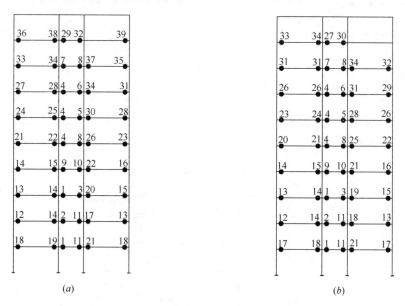

(a)　　　　　　　　　　　　(b)

图 4.1-10　北京波作用下各模型的出铰位置与顺序
(a)模型 1；(b)模型 2

理县波作用下结果如图 4.1-11 所示。

通过 NDAS2D 计算出的层间位移角曲线数据文件，得到层间位移角包络曲线如图 4.1-12所示。两模型在三种地震波作用下的最大层间位移角数值见表 4.1-5。

(a)　　　　　　　　　　　　　　　　(b)

图 4.1-11　理县波作用下各模型的出铰位置与顺序

(a) 模型 1；(b) 模型 2

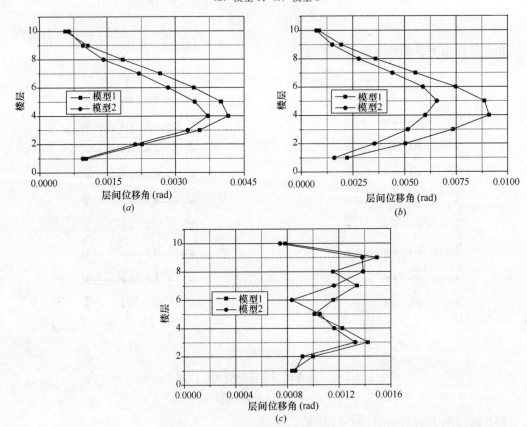

图 4.1-12　各模型的层间位移角包络曲线

(a) El Centro 波作用下；(b) 北京波作用下；(c) 理县波作用下

两模型在三地震波作用下的最大层间位移角			表 4.1-5
地震波	El Centro 波	北京波	理县波
模型 1	0.0042（1/241）	0.0091（1/110）	0.00142（1/703）
模型 2	0.0037（1/269）	0.0066（1/152）	0.00139（1/721）

4.1.4 结果分析

三种地震波作用下，北京波对结构的破坏作用最严重，El Centro 波次之，理县波最轻。

比较两种模型塑性铰出现的顺序与位置可以发现，两种模型在 6 度（0.05g）地震作用下柱端均未出现柱铰。模型 2 的梁端塑性铰个数少于模型 1 的，原因可能是模型 2 梁端截面强度弱于模型 1 的，强震作用下先有个别梁端出现塑性铰，结构刚度变小，地震作用减轻。模型 1 的梁端塑性铰个数多于模型 2 的，原因是模型 1 梁端强度高于模型 2 的，梁端出铰后，铰的转动角度小于模型 2 的铰转动角度，结构整体刚度降低不多，地震作用也就降低不够大，因而需要更多的梁或柱端出现塑性铰来消耗输入到结构的地震能量。

比较两种模型的层间位移角包络曲线可以发现，模型 1、模型 2 的位移角最大值见表 4.1-5；且最大值都是出现在第四层上。模型 2 的层间位移角最大值均小于模型 1 的，即模型 2 在大震下的性能要好于模型 1 的。通过以上分析可以看出，6 度（0.05g）10 层结构在相应的地震作用下的出铰情况和位移角都较为理想。

模型 2 梁端塑性铰出现早，但地震过程中，塑性铰出现个数少于模型 1 的，且模型 2 的层间位移角最大值要小于模型 1 的，即模型 2 的抗震性能要好于模型 1 的。

算例上述结果表明，我们在文章"梁钢筋部分移置梁侧楼板的现浇混凝土框架抗震性能研究"[5]提出的将框架梁负钢筋部分放置梁侧楼板的方法，即本节模型 2 方法，同样适用于异形柱框架结构，可达到提高结构抗震性能，节省钢筋用量，方便施工操作三方面好处。

因此本节认为 6 度（0.05g）区的房屋最大适用高度在《混凝土异形柱结构技术规程》JGJ 149—2006 基础上可作相应的提高。

附：NDAS2D 输入数据文件

```
05g10c35
44, 2
COOR
1, 0, 0, 0
2, 5.4, 0, 0
3, 8.4, 0, 0
4, 13.8, 0, 0
5, 0, 3, 4
41, 0, 30, 0
0/
stor
1, 3, 10, 1, 4
0/
```

```
0/
NQDP
1, 333, 1
6, 211, 1
44, 211, 0
5, 111, 4
41, 111, 0
0/
MAST
6, 8, 1, 5
0/
stor
6, 2, 9, 1, 4
0/
0/
SORT
0
MASS
5, 5, 0, 14, 14, 0
6, 6, 0, 22, 22, 0
7, 7, 0, 22, 22, 0
8, 8, 0, 14, 14, 0
9, 37, 4, 15, 15, 0
10, 38, 4, 22, 22, 0
11, 39, 4, 22, 22, 0
12, 40, 4, 15, 15, 0
41, 44, 3, 13.5, 13.5, 0
42, 43, 1, 20.5, 20.5, 0
0/
ELEM
2
1, 3.15e7, 0.05, 0.2625, 8.718e-3, 4, 4, 2, 0, 0.2
2, 3.15e7, 0.05, 0.2000, 5.787e-3, 4, 4, 2, 0, 0.2
3, 3.15e7, 0.05, 0.2875, 7.732e-3, 4, 4, 2, 0, 0.2
4, 3.15e7, 0.05, 0.2000, 3.867e-3, 4, 4, 2, 0, 0.2
0/
0/
1, 4, 367.5, 0.2940, -6.150e-5, 2.735e-9, 269.6, 0.2040, -1.270e-5, -1.482e-9,
-1042.3 ! T650250d16
2, 4, 269.6, 0.2040, -1.270e-5, -1.482e-9, 367.5, 0.2940, -6.150e-5, 2.735e-9,
-1042.3 ! T650d16
3, 4, 270.1, 0.2816, -7.653e-5, 4.520e-9, 179.7, 0.1712, -4.611e-6, -3.186e-9,
-798.0 ! T600200d14
```

4, 4, 179.7, 0.1712, $-4.611e-6$, $-3.186e-9$, 270.1, 0.2816, $-7.653e-5$, $4.520e-9$, -1042.3 ! T650d16

5, 4, 410.5, 0.1417, $-1.645e-5$, $-1.493e-10$, 410.5, 0.1417, $-1.645e-5$, $-1.493e-10$, -1319.2 ! $+700250d18$

6, 4, 222.4, 0.1231, $-1.928e-5$, $-2.688e-10$, 222.4, 0.1231, $-1.928e-5$, $-2.688e-10$, -798.0 ! $+600200d14$

0/

0/

1, 1, 5, 4, 1, 0, 1, 2, 1, 0, 0, 0

3, 9, 13, 4, 2, 0, 3, 4, 1, 0, 0, 0

11, 2, 6, 4, 3, 0, 5, 5, 1, 0, 0, 0

13, 10, 14, 4, 4, 0, 6, 6, 1, 0, 0, 0

21, 3, 7, 4, 3, 0, 5, 5, 1, 0, 0, 0

23, 11, 15, 4, 4, 0, 6, 6, 1, 0, 0, 0

31, 4, 8, 4, 1, 0, 2, 1, 1, 0, 0, 0

33, 12, 16, 4, 2, 0, 4, 3, 1, 0, 0, 0

40, 40, 44, 4, 2, 0, 4, 3, 1, 0, 0, 0

0/

5

1, 3.15e7, 0.05, 0.25, 5.21e-3, 4, 4, 2, 0, 0.2

2, 3.15e7, 0.05, 0.18, 3.04e-3, 4, 4, 2, 0, 0.2

0/

1, 0.276, -0.225, 0, 0

2, 0.225, -0.225, 0, 0

3, 0.225, -0.276, 0, 0

4, 0.268, -0.188, 0, 0

5, 0.188, -0.188, 0, 0

6, 0.188, -0.268, 0, 0

0/

1, 129.15, -247.04

2, 247.04, -129.15

3, 109.93, -247.63

4, 247.63, -109.93

5, 120.82, -252.42

6, 252.42, -120.82

7, 121.15, -206.70

8, 206.70, -121.15

9, 64.60, -208.40

10, 208.40, -64.60

11, 121.15, -216.27

12, 216.27, -121.15

13, 121.48, -188.04

14, 188.04, -121.48

```
15, 64.78, −189.58
16, 189.58, −64.78
17, 121.15, −174.65
18, 174.65, −121.15
19, 64.60, −176.08
20, 176.08, −64.60
0/
0/
1, 5, 6, 4, 1, 1, 2, 1, 1, 0, 0, 0
3, 13, 14, 4, 2, 4, 6, 7, 1, 0, 0, 0
9, 37, 38, 4, 2, 4, 12, 13, 1, 0, 0, 0
10, 41, 42, 4, 2, 4, 18, 17, 1, 0, 0, 0
11, 6, 7, 4, 1, 2, 4, 3, 1, 0, 0, 0
13, 14, 15, 4, 2, 5, 10, 9, 1, 0, 0, 0
19, 38, 39, 4, 2, 5, 16, 15, 1, 0, 0, 0
20, 42, 43, 4, 2, 5, 20, 19, 1, 0, 0, 0
21, 7, 8, 4, 1, 3, 2, 1, 1, 0, 0, 0
23, 15, 16, 4, 2, 6, 8, 5, 1, 0, 0, 0
29, 39, 40, 4, 2, 4, 14, 11, 1, 0, 0, 0
30, 43, 44, 0, 2, 6, 18, 17, 1, 0, 0, 0
0/
LOAD
2
0
5, 5, 0, 0, −68, 0
9, 36, 4, 0, −69, 0
6, 6, 0, 0, −105, 0
10, 37, 4, 0, −105, 0
7, 7, 0, 0, −105, 0
11, 38, 4, 0, −105, 0
8, 8, 0, 0, −68, 0
12, 39, 4, 0, −69, 0
41, 44, 3, 0, −65, 0
42, 43, 1, 0, −100, 0
0/
2
2, 1, 1, 1, −26, 5.4
2, 2, 9, 1, −27, 5.4
2, 10, 10, 1, −24.2, 5.4
2, 11, 11, 1, −26, 3.0
2, 12, 19, 1, −27, 3.0
2, 20, 20, 1, −24.2, 3.0
2, 21, 21, 1, −26, 5.4
```

2, 22, 29, 1, −27, 5.4

2, 30, 30, 1, −24.2, 5.4

0/

1, 1

0/

EIGE

6, 0.0001

DAMP

0.395829, 0, 0.46724e−02

EQRA

1，1850，−1850, 0.02, 0.003657318, 0, 0

c 0.365732 * 341.7805＝125 G

EQAX elct−n＝s

12.540，10.823，10.117，8.827，9.515，12.027，14.227，12.821

模型 2 用下面数据替换上面模型 1 数据中的梁屈服面描述数据

1，129.15，−182.36

2，182.36，−129.15

3，109.93，−182.80

4，182.80，−109.93

5，121.15，−181.55

6，181.55，−121.15

7，121.15，−153.84

8，153.84，−121.15

9，64.60，−151.11

10，151.11，−64.60

11，121.15，−159.58

12，159.58，−121.15

13，121.15，−142.46

14，142.46，−121.15

15，64.60，−143.64

16，143.64，−64.60

17，121.15，−134.60

18，134.60，−121.15

19，64.60，−135.71

20，135.71，−64.60

4.2 7度（0.10g）地震设防区
异形柱框架结构适用高度

4.2.1 结构及其小震弹性设计结果

房屋位于 7 度（0.10g）区，Ⅱ类场地，地震分组为第二组，二级抗震等级，共 8 层，层高均为 3m，平、立面见图 4.2-1、图 4.2-2。柱均为等肢截面，其截面一肢的尺寸见表

4.2-1。梁柱和楼板的混凝土等级均为 C35；梁柱纵筋均采用 HRB400，箍筋和楼板钢筋采用 HPB300，保护层厚度取为 30mm。屋面、楼面为现浇板，板厚为 110mm，钢筋保护层厚度为 15mm。PKPM 计算时取周期折减系数为 0.8。楼面活载分别为 2.0kN/m²；屋面活载为 0.5kN/m²。

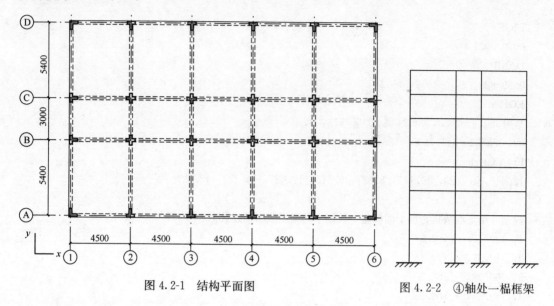

图 4.2-1 结构平面图　　　　　　图 4.2-2 ④轴处一榀框架

截　面　特　性				表 4.2-1
截面类型	尺寸（mm×mm）	截面积（m²）	惯性矩（m⁴）	纵筋
1、2 层 T 形截面柱	200×700	0.24	0.009243	12 ⊕ 16
3 层及以上 T 形柱	200×650	0.22	0.007569	12 ⊕ 16
1、2 层十字形截面柱	200×700	0.24	0.005717	12 ⊕ 16
3 层及以上十字形柱	200×650	0.22	0.004877	12 ⊕ 14
矩形梁	200×500	0.10	0.002083	见表 6-3

注：T 形截面柱的惯性矩为 T 形柱腹板方向的。

用 PKPM2010 对该结构建模。结构中第 1、2 层的单位面积质量为 1.401t/m²，第 3～7 层的单位面积质量为 1.394t/m²，第 8 层的单位面积质量为 1.269t/m²。通过 SAT-WE 计算得到结构沿平面图中 Y 方向的自振周期为 $T_1 = 0.892$s。首层④轴处 T 形柱的轴压比为 0.50，十字形柱的轴压比为 0.63。再用 PKPM 通过梁平法画出梁结构施工图，得到结构平面图中④轴处一榀框架的梁配筋量如图 4.2-3 所示。

使用 CRSC 软件计算，得到④轴处一榀框架中的 T 形柱配筋均为 12 ⊕ 16；第一、二层的十字形柱配筋为 12 ⊕ 16；第 3 层及以上的十字形柱配筋为 12 ⊕ 14。首层十形柱框架节点的最大剪力 606.2kN 符合剪压比限值 1101.5kN 的要求。柱的截面尺寸及配筋形式如图 4.2-4 所示。

考虑梁柱节点刚臂，根据《高层建筑混凝土结构技术规程》JGJ 3—2010 中第 5.3.4

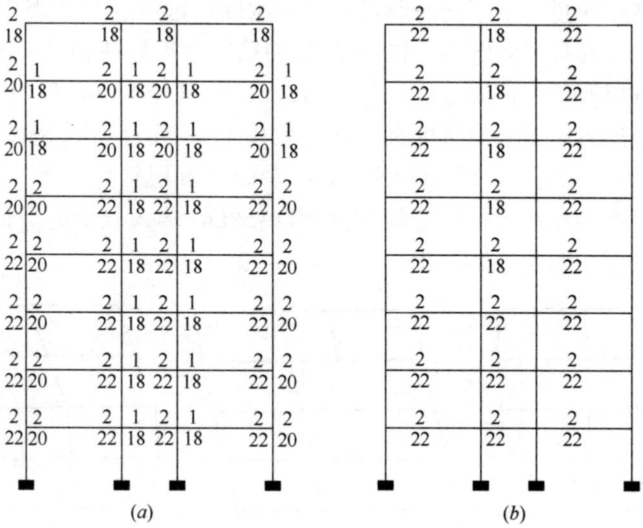

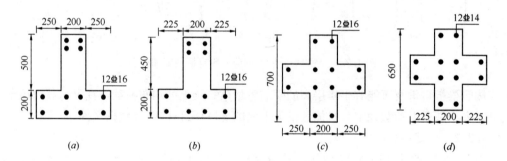

图 4.2-3 模型的 PKPM 梁配筋量

(a) 梁上筋；(b) 梁下筋

注：梁上面的数字表示钢筋数，下面的数字表示钢筋直径

图 4.2-4 柱截面尺寸及配筋形式

(a) 1、2 层 T 形柱；(b) 3～9 层 T 形柱；(c) 1、2 层十字形柱；(d) 3～9 层十字形柱

条的公式计算得到梁柱节点处的刚臂数据如表 4.2-2。

梁柱节点刚臂数据（m） 表 4.2-2

梁位置	i 端 x 方向刚臂	j 端 x 方向刚臂
1、2 层左梁	0.329	0.225
3～8 层左梁	0.292	0.200
1、2 层中梁	0.225	0.225
3～8 层中梁	0.200	0.200
1、2 层右梁	0.225	0.329
3～8 层右梁	0.200	0.292

由一榀框架承担的竖向荷载面积乘单位面积质量，即 4.5m×14m×1.401＝88.3t（1、2 层）、4.5m×14m×1.394＝87.8t（3～7 层）、4.5m×14m×1.269＝79.9t（8 层），得到

平面计算模型的各层质量。根据前面确定的结构刚度，再通过 NDAS2D 软件计算出模型的第一自振周期，令其与 PKPM 空间模型算出的第一自振周期相等，调整平面模型的各层质量，便得到各层质量为：80t(1、2 层)、79.2t(3～7 层)、65.6t(8 层)。按中间质点略多些，分配到每层各质点上的质量为：边质点 16t(1、2 层)、15.8t(3～7 层)、13.0t(8 层)；中间质点 24t(1、2 层)、23.8t(3～7 层)、19.8 t(8 层)。

采用平面结构弹塑性地震响应分析软件 NDAS2D，输入以上的数值，计算结构的前三阶自振周期和振型如图 4.2-5 所示。

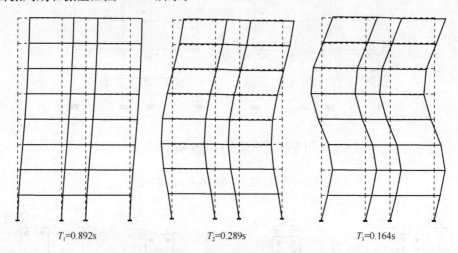

T_1=0.892s　　　　　T_2=0.289s　　　　　T_3=0.164s

图 4.2-5　结构平面模型的前三阶自振周期和振型

按照梁板自重及可能有半楼层高的隔墙重量估算梁上的均布荷载，柱上荷载由该节点质量减去相邻梁上荷载确定，具体数值见下面的 NDAS2D 的输入数据文件。

4.2.2　弹塑性分析所需数据

用 MyN 软件计算柱 N-M 曲线，其中材料强度取平均值，混凝土强度为 32N/mm²，梁筋强度为 432N/mm²。将柱的尺寸及配筋信息输入到 MyN 软件中得到柱的 M_y-N 数据，再将 M_y-N 数据用三次多项式拟合后，得到图 4.2-6 所示的异形柱 N-M 曲线图和表 4.2-3 中柱的屈服面特性数据。

异形柱截面屈服面特性（屈服面代码＝4）　　　　　　　表 4.2-3

截面	系数 a	系数 b	系数 c	系数 d	系数 e	系数 f	系数 g	系数 h	受拉屈服力 P_{yt}（kN）
1、2 层 T 形柱	436.4	0.3271	−7.533E−5	3.727E−9	288.7	0.1928	−4.746E−7	−2.958E−9	1042.3
3～8 层 T 形柱	398.1	0.2841	−7.184E−5	3.802E−9	273.9	0.1841	−4.819E−5	−2.895E−9	1042.3
1、2 层十字形柱	336.4	0.1185	−1.425E−5	−4.547E−10	336.4	0.1185	−1.425E−5	−4.547E−10	1042.3
3～8 层十字形柱	247.6	0.1303	−1.858E−5	−2.956E−10	247.6	0.1303	−1.858E−5	−2.956E−10	798.0

本节对结构分两种模型进行地震时程响应计算：其中模型 1 是把梁配筋全部放在梁肋截面内，同时考虑每侧各 6 倍板厚宽度楼板的混凝土及其内钢筋的影响；模型 2 是把 60% 的梁上筋以及全部的梁下筋放在梁肋截面内，同时考虑每侧各 6 倍板厚宽度楼板的混凝土及其内钢筋的影响。

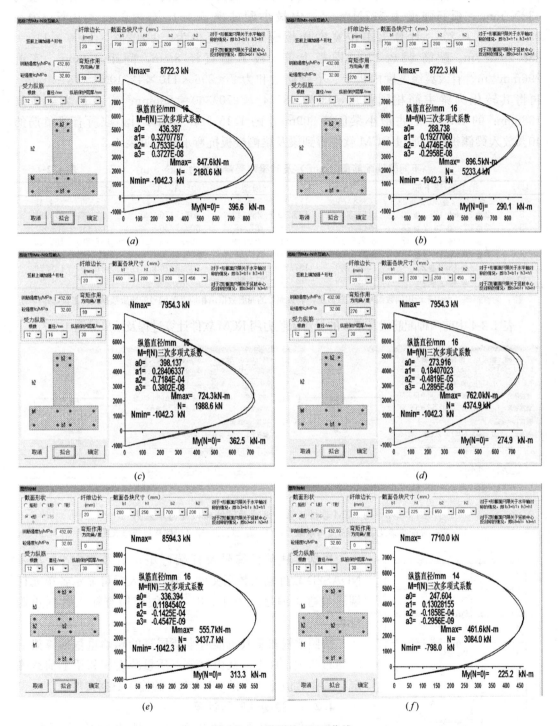

图 4.2-6 异形柱 *N-M* 曲线

(*a*) 1、2 层 T 形柱 α＝90°；(*b*) 1、2 层 T 形柱 α＝270°；(*c*) 3～8 层 T 形柱 α＝90°；(*d*) 3～8 层 T 形柱 α＝270°；
(*e*) 1、2 层十字形柱 α＝0°；(*f*) 3～8 层十字形柱 α＝0°

用 RCM 软件计算，其中材料强度取平均值，混凝土强度为 32N/mm²，梁筋强度为 432N/mm²，板筋强度为 327N/mm²。由最小配筋率 $0.45f_t/f_y = 0.45 \times 1.57/270 = 0.262\% > 0.2\%$。计算出单位宽度楼板配筋面积至少为：$0.262\% \times 1000 \times 110 = 288.2\text{mm}^2/\text{m}$。配筋 $\phi8@170$，即板上筋、板下筋直径 8mm，间距 170mm。实配 $296\text{mm}^2/\text{m}$。有效翼缘宽度内板上、下钢筋之和为 $2 \times 296 \times 110 \times 12/1000 = 781.4\text{mm}^2$，再将其转化为梁主筋相同强度，即 $781.4 \times 270/360 = 586\text{mm}^2$ 它占最大梁负筋 1388mm^2 的 42.2 %、占最小梁负筋 509mm^2 的 1.15 %，为简单计，取所有梁负筋的 40%放入梁侧板中。通过 RCM 软件得到梁及梁侧楼板抗弯承载力见表4.2-4。

不同梁端配筋量（mm²）及其梁端受弯承载力（kN·m）　　　　　　表 4.2-4

编号	梁上筋/梁下筋	A_s'/A_s	M^+/M^-（模型 1）	$60\%A_s'/A_s$	M^+/M^-（模型 2）
1	2Φ22+2Φ20/2Φ22	1388/760	137.89/−358.45	832.8/760	137.89/−254.49
3	2Φ22+Φ18/2Φ22	1014.5/760	137.89/−287.45	608.7/760	137.89/−213.82
5	2Φ22+Φ18/2Φ18	1014.5/509	92.35/−287.45	608.7/509	92.35/−213.82
7	2Φ20+Φ18/2Φ22	882.5/760	137.89/−263.50	529.5/760	137.89/−199.45
9	2Φ20+Φ18/2Φ18	882.5/509	92.35/−263.50	529.5/509	92.35/−199.45
11	2Φ18/2Φ22	509/760	137.89/−217.88	305.4/760	137.89/−158.79
13	2Φ18/2Φ18	509/509	92.35/−217.88	305.4/509	92.35/−158.79

注：为省篇幅，表中未给出偶数编号的屈服数据，偶数编号的屈服数据由相应奇数编号的屈服数据调换正负弯矩得到。

表 4.2-4 中前两种配筋梁及楼板的受弯承载力用 RCM 软件计算过程及结果见图 4.2-7。

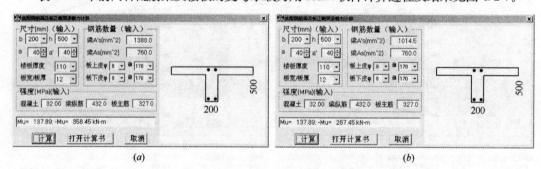

(a)　　　　　　　　　　　　　　　　(b)

图 4.2-7　用 RCM 软件计算框架梁及梁侧楼板受弯承载力
(a) 第一种配筋梁及梁侧楼板受弯承载力；(b) 第二种配筋梁及梁侧楼板受弯承载力

图 4.2-8　屈服面编号分布

根据梁柱单元编号及杆端弯矩正负号约定[3]，准备 NDAS2D 软件输入数据文件，软件读入后可显示各单元杆端屈服弯矩编号（图 4.2-8），以便于检查输入数据正确与否。

按照梁板自重及可能有半楼层高的隔墙重量估算梁上的均布荷载，柱上荷载由该节点质量减去相邻梁上荷载确定，具体数值见下面的 NDAS2D 的输入数据文件。

4.2.3　弹塑性时程计算

本算例采用平面结构弹塑性地震响应分析软件 NDAS2D，分别输入 El Centro 地震波（1940，南北向）、唐山地震北京饭店记录波（1976.7.28，东西向）和汶川地震理县记录波（2008.5.12）。前两波波形见图 3.1-9、

图 3.1-10，理县地震波波形见图 1.2-15；并将加速度幅值调整到 $0.22g$，以符合建筑抗震规范（7 度 $0.10g$）的规定值。假定模型第一、二阶振型阻尼比均为 0.05，算出瑞利阻尼系数。El Centro 地震波作用下结构的出铰顺序如图 4.2-9 所示。北京饭店记录波作用下结构的出铰顺序如图 4.2-10 所示。理县地震波作用下结构的出铰顺序如图 4.2-11 所示。

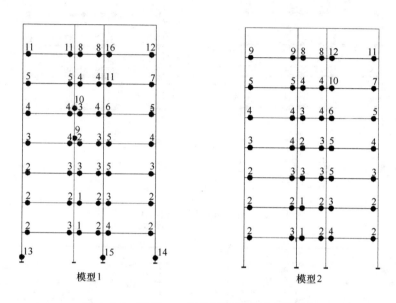

图 4.2-9　El Centro 波作用下各模型出铰顺序

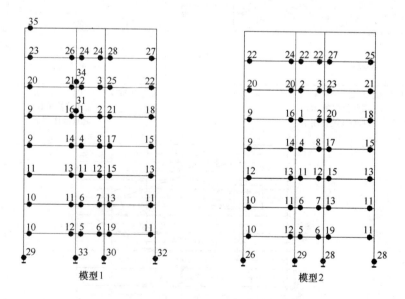

图 4.2-10　北京波作用下各模型出铰顺序

通过 NDAS2D 计算出的层间位移角曲线数据文件，得到层间位移角包络曲线如图 4.2-12 所示。

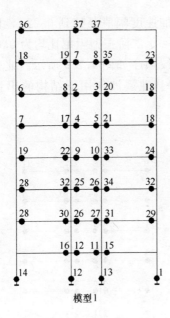
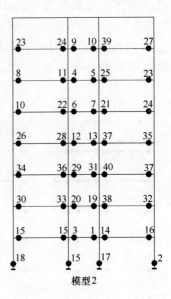

模型1 模型2

图 4.2-11 理县波作用下各模型出铰顺序

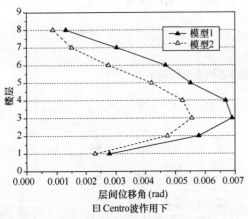

El Centro波作用下

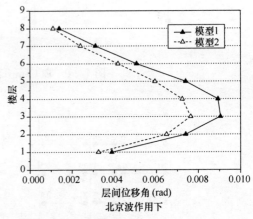

北京波作用下

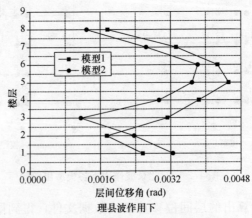

理县波作用下

图 4.2-12 各模型的层间位移角包络曲线

4.2.4 结果分析

三种地震波作用下，北京波对结构的破坏作用最严重，El Centro 波次之，理县波最轻。

比较两种模型塑性铰出现的顺序与位置可以发现，在 7 度（0.10g）地震作用下，两种模型第一层柱根处分别有柱铰出现，柱根塑性铰的出现都相对较晚。且模型 1 的柱铰先于模型 2 出现。各模型的层间位移角最大值见表 4.2-5。比较两种模型的层间位移角，可以看出，7 度（0.10g）8 层结构在相应的地震作用下的塑性铰的出现情况和位移角都较为理想。因此认为 7 度（0.10g）区的房屋最大适用高度在《混凝土异形柱结构技术规程》JGJ 149—2006 基础上作适当地提高。

两模型在三地震波作用下的最大层间位移角 表 4.2-5

地震波	El Centro 波	北京波	理县波
模型 1	0.0069（1/144）	0.0091（1/110）	0.0045（1/222）
模型 2	0.0056（1/179）	0.0076（1/132）	0.0038（1/262）

附：NDAS2D 输入数据文件

f：\ mydoc \ 异形柱算例 \ PKPM 修改王 \ yxzn2d \ 10g8C35 @170

```
36，2
COOR
1, 0, 0, 0
2, 5.4, 0, 0
3, 8.4, 0, 0
4, 13.8, 0, 0
5, 0, 3.0, 4
33, 0, 24.0, 0
0/
stor
1, 3, 8, 1, 4
0/
0/
NQDP
1, 333, 1
6, 211, 1
36, 211, 0
5, 111, 4
33, 111, 0
0/
MAST
6, 8, 1, 5
0/
stor
6, 2, 7, 1, 4
0/
```

```
0/
SORT
0
MASS
5, 8, 3, 16, 16, 0
6, 7, 1, 24, 24, 0
9, 12, 3, 16, 16, 0
10, 11, 1, 24, 24, 0
13, 29, 4, 15.8, 15.8, 0
14, 30, 4, 23.8, 23.8, 0
15, 31, 4, 23.8, 23.8, 0
16, 32, 4, 15.8, 15.8, 0
33, 36, 3, 13, 13, 0
34, 35, 1, 19.8, 19.8, 0
0/
ELEM
2 ! C35
1, 3.15e7, 0.05, 0.24, 9.243e-3, 4, 4, 2, 0, 0.2 ! T700*200
2, 3.15e7, 0.05, 0.24, 5.717e-3, 4, 4, 2, 0, 0.2 ! +700*200
3, 3.15e7, 0.05, 0.22, 7.569e-3, 4, 4, 2, 0, 0.2 ! T650*200
4, 3.15e7, 0.05, 0.22, 4.877e-3, 4, 4, 2, 0, 0.2 ! +650*200
0/
0/
1, 4, 436.4, 0.3271, -7.533e-5, 3.727e-9, 288.7, 0.1928, -4.746e-7, -2.958e-9,
-1042.3 ! T700d16
2, 4, 288.7, 0.1928, -4.746e-7, -2.958e-9, 436.4, 0.3271, -7.533e-5, 3.727e-9,
-1042.3 ! T700d16
3, 4, 398.1, 0.2841, -7.184e-5, 3.802e-9, 273.9, 0.1841, -4.819e-5, -2.895e-9,
-1042.3 ! T650d16
4, 4, 273.9, 0.1841, -4.819e-5, -2.895e-9, 398.1, 0.2841, -7.184e-5, 3.802e-9,
-1042.3 ! T650d16
5, 4, 336.4, 0.1185, -1.425e-5, -4.547e-10, 336.4, 0.1185, -1.425e-5, -4.547e-
10, -1042.3 ! +700d16
6, 4, 247.6, 0.1303, -1.858e-5, -2.956e-10, 247.6, 0.1303, -1.858e-5, -2.956e-
10, -798.0 ! +650d14
0/
0/
1, 1, 5, 4, 1, 0, 1, 2, 1, 0, 0, 0
3, 9, 13, 4, 3, 0, 3, 4, 1, 0, 0, 0
9, 2, 6, 4, 2, 0, 5, 5, 1, 0, 0, 0
11, 10, 14, 4, 4, 0, 6, 6, 1, 0, 0, 0
17, 3, 7, 4, 2, 0, 5, 5, 1, 0, 0, 0
19, 11, 15, 4, 4, 0, 6, 6, 1, 0, 0, 0
```

25, 4, 8, 4, 1, 0, 2, 1, 1, 0, 0, 0
27, 12, 16, 4, 3, 0, 4, 3, 1, 0, 0, 0
32, 32, 36, 0, 3, 0, 4, 3, 1, 0, 0, 0
0/
5
1, 3.15e7, 0.05, 0.2, 4.167e−3, 4, 4, 2, 0, 0
0/
1, 0.329, −0.225, 0, 0
2, 0.225, −0.225, 0, 0
3, 0.225, −0.329, 0, 0
4, 0.292, −0.200, 0, 0
5, 0.200, −0.200, 0, 0
6, 0.200, −0.292, 0, 0
0/
1, 137.89, −358.45 ! 2d22+2d20/2d22
2, 358.45, −137.89
3, 137.89, −287.45 ! 2d22+d18/2d22
4, 287.45, −137.89
5, 92.35, −287.45 ! 2d22+d18/2d18
6, 287.45, −92.35
7, 137.89, −263.5 ! 2d20+d18/2d22
8, 263.50, −137.89
9, 92.35, −263.50 ! 2d20+d18/2d18
10, 263.50, −92.35
11, 137.89, −195.73 ! 2d18/2d22
12, 195.73, −137.89
13, 92.35, −195.73 ! 2d18/2d18
14, 195.73, −92.35
0/
0/
1, 5, 6, 4, 1, 1, 2, 3, 1, 0, 0, 0
3, 13, 14, 0, 1, 4, 2, 3, 1, 0, 0, 0
4, 17, 18, 0, 1, 4, 2, 3, 1, 0, 0, 0
5, 21, 22, 0, 1, 4, 2, 3, 1, 0, 0, 0
6, 25, 26, 4, 1, 4, 8, 7, 1, 0, 0, 0
8, 33, 34, 0, 1, 4, 12, 11, 1, 0, 0, 0
9, 6, 7, 4, 1, 2, 4, 3, 1, 0, 0, 0
11, 14, 15, 0, 1, 5, 4, 3, 1, 0, 0, 0
12, 18, 19, 4, 1, 5, 6, 5, 1, 0, 0, 0
14, 26, 27, 4, 1, 5, 10, 9, 1, 0, 0, 0
16, 34, 35, 0, 1, 5, 14, 13, 1, 0, 0, 0
17, 7, 8, 4, 1, 3, 4, 1, 1, 0, 0, 0
19, 15, 16, 4, 1, 6, 4, 1, 1, 0, 0, 0

22，27，28，4，1，6，8，7，1，0，0，0
24，35，36，0，1，6，12，11，1，0，0，0
0/
LOAD
2
0
5，29，4，0，—110，0
6，30，4，0，—160，0
7，31，4，0，—160，0
8，32，4，0，—110，0
34，35，1，0，—130，0
33，36，3，0，—85，0
0/
2
2，1，7，1，—25，5.4
2，8，8，1，—20，5.4
2，9，15，1，—25，3.0
2，16，16，1，—20，3.0
2，17，23，1，—25，5.4
2，24，24，1，—20，5.4
0/
1，1
0/
EIGE
6，0.0001
DAMP
0.532086，0，0.34731e—02
EQRA
1，1850，—1850，0.02，0.0064384，0，0
c 0.64384 ∗ 341.7805＝220 G
EQAX elct—n＝s
12.540，10.823，10.117，8.827，9.515，12.027，14.227，12.821

模型2用下面数据替换上面模型1数据中的梁屈服面描述数据
1，137.89，—254.48！2d22+2d20/2d22
2，254.48，—137.89
3，137.89，—213.82！2d22+d18/2d22
4，213.82，—137.89
5，92.35，—213.82！2d22+d18/2d18
6，213.82，—92.35
7，137.89，—199.45！2d20+d18/2d22
8，199.45，—137.89
9，92.35，—199.45！2d20+d18/2d18

10, 199.45, −92.35

11, 137.89, −158.79 ! 2d18/2d22

12, 158.79, −137.89

13, 92.35, −158.79 ! 2d18/2d18

14, 158.79, −92.35

4.3 7度（0.15g）地震设防区异形柱框架结构适用高度

4.3.1 结构及其小震弹性设计结果

房屋位于 7 度（0.15g）区，Ⅱ类场地，地震分组为第二组，共 6 层，层高均为 3m，查规程知属于三级抗震等级，平、立面见图 4.3-1、图 4.3-2。算例中的柱均为等肢截面，其肢截面尺寸见表 4.3-1。梁柱和楼板的混凝土等级为 C40；梁柱纵筋均采用 HRB400，箍筋和楼板钢筋采用 HPB300，纵筋保护层厚度取为 30mm。屋面、楼面为现浇板，板厚为 110mm，板钢筋保护层厚度为 15mm。PKPM 计算时取周期折减系数为 0.7。

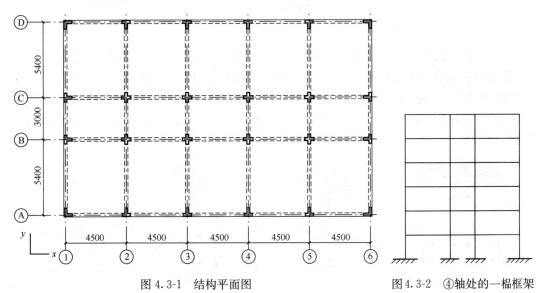

图 4.3-1 结构平面图　　　　　图 4.3-2 ④轴处的一榀框架

截 面 特 性　　　　　　　　　　　　　　　表 4.3-1

截面类型	尺寸（mm×mm）	截面积（m²）	惯性矩（m⁴）
1、2 层 T 形截面柱	250×750	0.3125	0.01410
3~6 层 T 形截面柱	250×700	0.2875	0.01120
1、2 层十字形截面柱	250×750	0.3125	0.00944
3~6 层十字形截面柱	250×700	0.2875	0.00773
矩形梁	250×500	0.2500	0.00520

注：T 形截面柱的惯性矩为 T 形柱腹板方向的。

用 PKPM2010 对该结构建模。通过 SATWE 计算得到结构沿平面图中 Y 方向的自振周期为 $T_1 = 0.562$s；首层④轴处 T 形柱轴压比为 0.26，十字形柱轴压比为 0.35；结构中第一、二层的单位面积质量为 $1.401t/m^2$，第三到五层的单位面积质量为 $1.403t/m^2$，第七层的单位面积质量为 $1.398 t/m^2$。再用 PKPM 通过梁平法画出梁结构施工图，得到结构平面图中④轴处一榀框架的梁配筋量如图 4.3-3 所示。

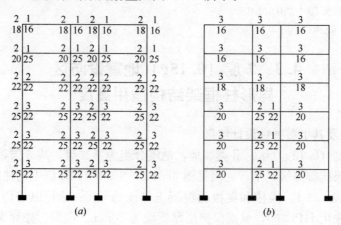

图 4.3-3　模型的 PKPM 梁配筋量

(a) 梁上筋；(b) 梁下筋

注：梁上面的数字表示钢筋数，下面的数字表示钢筋直径

使用 CRSC 软件计算，得到④轴处一榀框架中第一层的 T 形柱配筋为 12 ⊕ 20；其他层的 T 形柱配筋均为 12 ⊕ 18；第一、二层的十字形柱配筋为 12 ⊕ 20；第 3 层及以上的十字形柱配筋为 12 ⊕ 18。首层的十形柱框架节点最大剪力为 1086.5kN，允许剪压比式 (4-1) 算出的剪力值为 1769.6kN，剪压比符合规程的要求。柱的截面尺寸及配筋形式如图 4.3-4 所示。

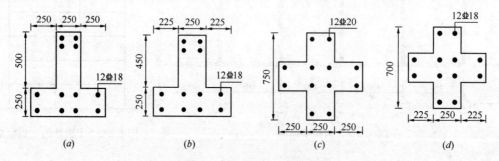

图 4.3-4　柱截面尺寸及配筋形式

(a) 1 层（12 ⊕ 20）、2 层（12 ⊕ 18）T 形柱；(b) 3～6 层 T 形柱；

(c) 1、2 层十字形柱；(d) 3～6 层十字形柱

考虑梁柱节点刚臂，根据《高层建筑混凝土结构技术规程》JGJ 3—2010 中的公式，可计算得到刚臂数据如表 4.3-2 所示。

梁柱节点刚臂数据（m）　　　　　　　　　　　　　　　　　　　表 4.3-2

梁位置	i 端 X 方向刚臂	j 端 X 方向刚臂
1、2 层左梁	0.350	−0.250
1、2 层中梁	0.250	−0.250

梁位置	i 端 X 方向刚臂	j 端 X 方向刚臂
1、2层右梁	0.250	-0.350
3~7层左梁	0.313	-0.225
3~7层中梁	0.225	-0.225
3~7层右梁	0.225	0.313

由一榀框架承担的竖向荷载面积乘单位面积质量，即 3.9m×13.04m×1.437＝73.08t (1~3层)、3.9m×13.04m×1.361＝69.22t(4层)，得到平面计算模型的各层质量。根据前面确定的结构刚度、再通过 NDAS2D 软件计算出模型的第一自振周期，令其与 PKPM 空间模型算出的第一自振周期相等，调整平面模型的各层质量，便得到各层质量为：76t(1层)、82.4t(2~5层)、78t(6层)。按中间质点略多些，分配到每层各质点上的质量为：边质点 15t(1层)、17t(2~5层)、16t(6层)；中间质点 23t(1层)、24.2t(2~5层)、23t(6层)。

采用平面结构弹塑性地震响应分析软件 NDAS2D，输入以上的数值，计算结构的前三阶自振周期和振型如图 4.3-5 示。

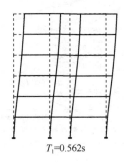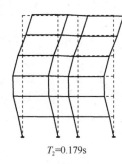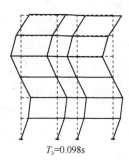

$T_1=0.562\text{s}$ $T_2=0.179\text{s}$ $T_3=0.098\text{s}$

图 4.3-5　结构平面模型的前三阶自振周期和振型

按照梁板自重及可能有半楼层高的隔墙重量估算梁上的均布荷载，柱上荷载由该节点质量减去相邻梁上荷载确定，具体数值见下面的 NDAS2D 的输入数据文件。

4.3.2　弹塑性分析所需数据

将柱的尺寸及配筋信息输入到 MyN 软件中得到柱的 M_y-N 数据（图 4.3-6），再将这些数据用三次多项式拟合，得到表 4.3-3 中柱的屈服面特性数据。

异形柱截面屈服面特性（屈服面代码＝4）　　　　　　表 4.3-3

截面	系数 a	系数 b	系数 c	系数 d	系数 e	系数 f	系数 g	系数 h	受拉屈服力 P_{yt} (kN)
1层 T 形柱	702.7	0.3267	$-5.210\text{e}-5$	$1.729\text{e}-9$	507.0	0.2239	$-7.411\text{e}-6$	$-1.151\text{e}-9$	1628.6
2层 T 形柱	572.5	0.3600	$-5.732\text{e}-5$	$1.974\text{e}-9$	417.3	0.2231	$-5.937\text{e}-6$	$-1.296\text{e}-9$	1319.2
3~6层 T 形柱	526.3	0.3162	$-5.396\text{e}-5$	$1.947\text{e}-9$	396.1	0.2122	$-8.891\text{e}-6$	$-1.197\text{e}-9$	1319.2
1、2层十字形柱	543.3	0.1384	$-1.275\text{e}-5$	$-1.756\text{e}-10$	543.3	0.1384	$-1.275\text{e}-5$	$-1.756\text{e}-10$	1628.6
3~6层十字形柱	421.7	0.1516	$-1.590\text{e}-5$	$-7.927\text{e}-11$	421.7	0.1516	$-1.590\text{e}-5$	$-7.927\text{e}-11$	1319.2

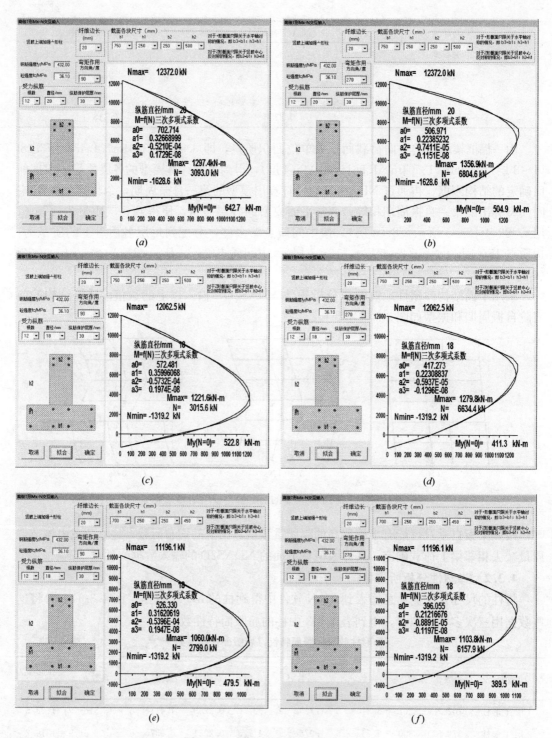

图 4.3-6　异形柱 N-M 屈服面（一）

（a）1 层 T 形柱 α＝90°；（b）1 层 T 形柱 α＝270°；（c）2 层 T 形柱 α＝90°；（d）2 层 T 形柱 α＝270°；

（e）3～6 层 T 形柱 α＝90°；（f）3～6 层 T 形柱 α＝270°；

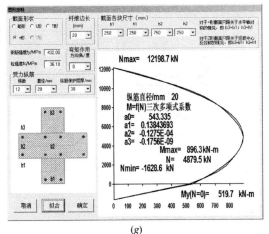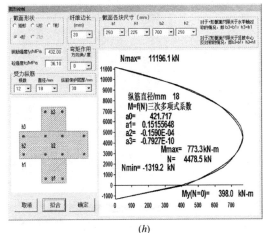

(g)   (h)

图 4.3-6 异形柱 N-M 屈服面（二）

(g) 1、2 层十形字柱 α=0°；(h) 3～7 层十字形柱 α=0°

对结构分两种模型进行地震时程响应计算：其中模型 1 是把梁配筋全放在梁肋截面内，同时考虑每侧各 6 倍板厚宽度楼板的混凝土及其内钢筋的影响；模型 2 是把 70% 的梁上筋以及全部的梁下筋放在梁肋截面内，同时考虑每侧各 6 倍板厚宽度楼板的混凝土及其内钢筋的影响。

用 RCM 软件计算，其中材料强度取平均值，C40 混凝土强度为 36.1N/mm²，梁筋强度为 432N/mm²，板筋强度为 327N/mm²。最小配筋率 $0.45f_t/f_y = 0.45 \times 1.71/270 = 0.285\% > 0.2\%$，计算出单位宽度楼板配筋面积至少为 $0.285\% \times 1000 \times 110 = 313.5$mm²/m，配筋 $\phi 8@160$，即板上筋、板下筋直径 8mm，间距 160mm。实配 314mm²/m。有效翼缘宽度内板上、下钢筋之和为 $2 \times 314 \times 110 \times 12/1000 = 828.96$mm²，再将其转化为梁主筋相同强度，即为 $828.96 \times 270/360 = 621.7$mm²。它占最大梁负筋 2122mm² 的 29.3%，占最小梁负筋 603mm² 的 1.03%，为简单计，取所有梁负筋的 30% 放入梁侧板中。通过 RCM 软件得到梁及梁侧楼板抗弯承载力见表 4.3-4。其中前两种配筋梁的屈服弯矩计算过程见图 4.3-7。

不同梁端配筋量（mm²）及其梁端受弯承载力（kN·m）   表 4.3-4

编号	梁上筋/梁下筋	A_s'/A_s	M^+/M^-（模型 1）	$70\%A'/A_s$	M^+/M^-（模型 2）
1	2 ⌀25+3 ⌀22/3 ⌀20	2122/942	160.74/−466.67	1485.4/942	170.92/−379.35
3	2 ⌀25+3 ⌀22/2 ⌀25+⌀22	2122/1362.1	231.84/−470.75	1485.4/1362.1	245.96/−377.52
5	4 ⌀22/3 ⌀18	1520/763	138.44/−385.90	1064/763	138.77/−303.62
7	2 ⌀20+⌀25/3 ⌀16	1118.9/603	109.67/−313.88	783.2/603	109.93/−253.16
9	2 ⌀18+⌀16/3 ⌀16	710.1/603	110.19/−240.14	497.1/603	109.93/−201.00

注：为节省篇幅，表中未给出偶数编号的屈服数据，偶数编号的屈服数据由相应奇数编号的屈服数据调换正负弯矩得到。

输入平面结构弹塑性计算软件 NDAS2D，通过数据检查后，可显示杆端屈服面编号分布图（图 4.3-8），可检查输入数据是否正确。

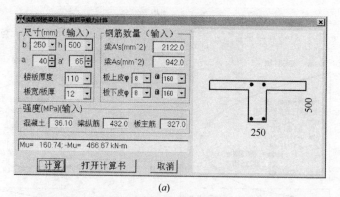

(a)

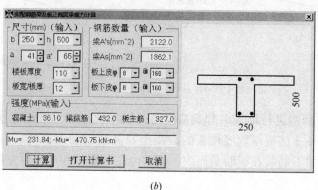

(b)

图 4.3-7 梁及梁侧楼板屈服弯矩

(a) 底层边跨梁；(b) 底层中跨梁

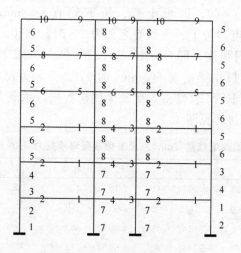

图 4.3-8 屈服面编号分布

4.3.3 弹塑性时程计算

本算例采用平面结构弹塑性地震响应分析软件 NDAS2D，输入 El Centro 地震波（1940，南北向），并将加速度幅值调整到 $0.310g$，以符合建筑抗震规范（7 度 $0.15g$）的规定值。得到结构的出铰顺序如图 4.3-9 所示。

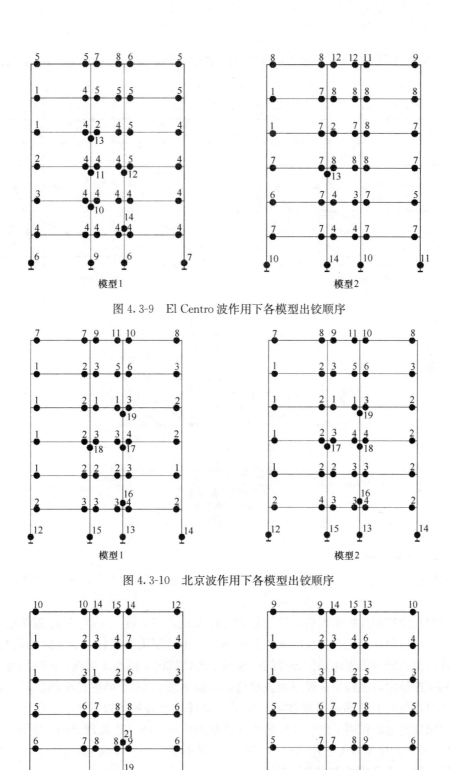

图 4.3-9　El Centro 波作用下各模型出铰顺序

图 4.3-10　北京波作用下各模型出铰顺序

图 4.3-11　理县波作用下各模型出铰顺序

通过 NDAS2D 计算出的层间位移角曲线数据文件，得到层间位移角包络曲线如图 4.3-12 所示。

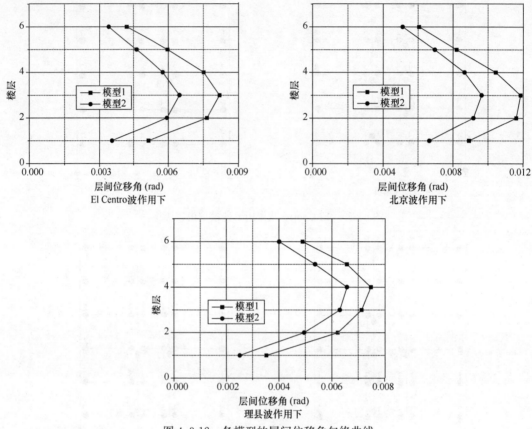

图 4.3-12　各模型的层间位移角包络曲线

4.3.4　结果分析

三种地震波作用下，北京波对结构的破坏作用最严重，El Centro 波次之，理县波最轻。

比较两种模型塑性铰出现的顺序与位置可以发现，在 7 度（0.15g）地震作用下，两种模型第一层柱根处分别有柱铰出现，其中模型 2 中首层第一根柱上、下两端均有出铰，但是两种模型柱铰的出现还是比较晚的。模型 1 的柱铰先于模型 2 出现；同时模型 2 的柱铰出现的顺序最晚，也较少。模型的位移角最大值见表 4.3-5。两种模型的层间位移角包络曲线可以发现最大值都是出现在第三层上。通过以上分析可以看出，7 度（0.15g）7 层结构在相应的地震作用下的塑性铰的出现情况和位移角还是比较理想的。因此，认为 7 度（0.15g）区的房屋最大适用高度在《混凝土异形柱结构技术规程》JGJ 149—2006 中的规定值可行，或许还可作相应的提高。

两模型在三地震波作用下的最大层间位移角　　　　　　　　　表 4.3-5

地震波	El Centro 波	北京波	理县波
模型 1	0.0082（1/122）	0.0119（1/84）	0.0075（1/134）
模型 2	0.0065（1/154）	0.0096（1/104）	0.0066（1/152）

附：NDAS2D 输入数据文件

```
15g6C40
28，2
COOR
1，0，0，0
2，5.4，0，0
3，8.4，0，0
4，13.8，0，0
5，0，3.0，4
25，0，18.0，0
0/
stor
1，3，6，1，4
0/
0/
NQDP
1，333，1
6，211，1
28，211，0
5，111，4
25，111，0
0/
MAST
6，8，1，5
0/
stor
6，2，5，1，4
0/
0/
SORT
0
MASS
5，8，3，15，15，0
6，7，1，23，23，0
9，12，3，17，17，0
10，11，1，24.2，24.2，0
13，21，4，17，17，0
14，22，4，24.2，24.2，0
15，23，4，24.2，24.2，0
16，24，4，17，17，0
25，28，3，16，16，0
26，27，1，23，23，0
0/
```

ELEM

2 ! C40

1, 3.25e7, 0.05, 0.3125, 1.41e−2, 4, 4, 2, 0, 0.2 ! T750 * 250

2, 3.25e7, 0.05, 0.3125, 9.44e−3, 4, 4, 2, 0, 0.2 ! +750 * 250

3, 3.25e7, 0.05, 0.2875, 1.12e−2, 4, 4, 2, 0, 0.2 ! T700 * 250

4, 3.25e7, 0.05, 0.2875, 7.73e−3, 4, 4, 2, 0, 0.2 ! +700 * 250

0/

0/

1, 4, 702.7, 0.3267, −5.210e−5, 1.729e−9, 507.0, 0.2239, −7.411e−6, −1.151e−9, −1628.6 ! T750d20

2, 4, 507.0, 0.2239, −7.411e−6, −1.151e−9, 702.7, 0.3267, −5.210e−5, 1.729e−9, −1628.6 ! T750d20

3, 4, 572.5, 0.3600, −5.732e−5, 1.974e−9, 417.3, 0.2231, −5.937e−6, −1.296e−9, −1319.2 ! T750d18

4, 4, 417.3, 0.2231, −5.937e−6, −1.296e−9, 572.5, 0.3600, −5.732e−5, 1.974e−9, −1319.2 ! T750d18

3, 4, 526.3, 0.3162, −5.396e−5, 1.947e−9, 396.1, 0.2122, −8.891e−6, −1.197e−9, −1319.2 ! T700d18

3, 4, 396.1, 0.2122, −8.891e−6, −1.197e−9, 526.3, 0.3162, −5.396e−5, 1.947e−9, −1319.2 ! T700d18

7, 4, 543.3, 0.1384, −1.275e−5, 1.756e−10, 543.3, 0.1384, −1.275e−5, 1.756e−10, −1628.6 ! +750d20

8, 4, 421.7, 0.1516, −1.590e−5, 7.927e−11, 421.7, 0.1516, −1.590e−5, 7.927e−11, −1319.2 ! +700d18

0/

0/

1, 1, 5, 0, 1, 0, 1, 2, 1, 0, 0, 0

2, 5, 9, 0, 1, 0, 3, 4, 1, 0, 0, 0

3, 9, 13, 4, 3, 0, 5, 6, 1, 0, 0, 0

7, 2, 6, 4, 2, 0, 7, 7, 1, 0, 0, 0

9, 10, 14, 4, 4, 0, 8, 8, 1, 0, 0, 0

13, 3, 7, 4, 2, 0, 7, 7, 1, 0, 0, 0

15, 11, 15, 4, 4, 0, 8, 8, 1, 0, 0, 0

19, 4, 8, 0, 1, 0, 2, 1, 1, 0, 0, 0

20, 8, 12, 0, 1, 0, 4, 3, 1, 0, 0, 0

21, 12, 16, 4, 3, 0, 6, 5, 1, 0, 0, 0

24, 24, 28, 0, 3, 0, 6, 5, 1, 0, 0, 0

0/

5

1, 3.25e7, 0.05, 0.25, 5.2e−3, 4, 4, 2, 0, 0

0/

1, 0.350, −0.250, 0, 0

2, 0.250, −0.250, 0, 0

```
3, 0.250, −0.350, 0, 0
4, 0.313, −0.225, 0, 0
5, 0.225, −0.225, 0, 0
6, 0.225, −0.313, 0, 0
0/
1, 160.74, −466.67
2, 466.67, −160.74
3, 231.84, −470.75
4, 470.75, −231.84
5, 138.44, −385.90
6, 385.90, −138.44
7, 109.67, −313.88
8, 313.88, −109.67
9, 110.19, −240.14
10, 240.14, −110.19
0/
0/
1, 5, 6, 4, 1, 1, 2, 1, 1, 0, 0, 0
3, 13, 14, 0, 1, 4, 2, 1, 1, 0, 0, 0
4, 17, 18, 0, 1, 4, 6, 5, 1, 0, 0, 0
5, 21, 22, 0, 1, 4, 8, 7, 1, 0, 0, 0
6, 25, 26, 0, 1, 4, 10, 9, 1, 0, 0, 0
7, 6, 7, 4, 1, 2, 4, 3, 1, 0, 0, 0
9, 14, 15, 0, 1, 5, 4, 3, 1, 0, 0, 0
10, 18, 19, 0, 1, 5, 6, 5, 1, 0, 0, 0
11, 22, 23, 0, 1, 5, 8, 7, 1, 0, 0, 0
12, 26, 27, 0, 1, 5, 10, 9, 1, 0, 0, 0
13, 7, 8, 4, 1, 3, 2, 1, 1, 0, 0, 0
15, 15, 16, 0, 1, 6, 2, 1, 1, 0, 0, 0
16, 19, 20, 0, 1, 6, 6, 5, 1, 0, 0, 0
17, 23, 24, 0, 1, 6, 8, 7, 1, 0, 0, 0
18, 27, 28, 0, 1, 6, 10, 9, 1, 0, 0, 0
0/
LOAD
2
0
5, 21, 4, 0, −110, 0
6, 22, 4, 0, −160, 0
7, 23, 4, 0, −160, 0
8, 24, 4, 0, −110, 0
26, 27, 1, 0, −140, 0
25, 28, 3, 0, −100, 0
0/
```

2

2, 1, 5, 1, −25, 5.4

2, 6, 6, 1, −20, 5.4

2, 7, 11, 1, −25, 3.0

2, 12, 12, 1, −20, 3.0

2, 13, 17, 1, −25, 5.4

2, 18, 18, 1, −20, 5.4

0/

1, 1

0/

EIGE

6, 0.0001

DAMP

0.848845, 0, 0.21541e−02

EQRA

1, 1850, −1850, 0.02, 0.0090702, 0, 0 ! 0.90702 * 341.7805＝310 gal

EQAX elct−n＝s

12.540, 10.823, 10.117, 8.827, 9.515, 12.027, 14.227, 12.821

模型 2 用下面数据替换上面模型 1 数据中的梁屈服面描述数据

1, 170.92, −379.35

2, 379.35, −170.92

3, 245.96, −377.52

4, 377.52, −245.96

5, 138.77, −303.62

6, 303.62, −138.77

7, 109.93, −253.16

8, 253.16, −109.93

9, 109.93, −201.00

10, 201.00, −109.93

4.4 8 度（0.20g）地震设防区异形柱框架结构适用高度

4.4.1 结构及其小震弹性设计结果

本算例房屋位于 8 度（0.20g）区，Ⅱ类场地，地震分组为第二组，二级抗震等级，共 4 层，层高均为 3m，平、立面见图 4.4-1、图 4.4-2。算例中的柱均为等肢截面，其一肢截面尺寸见表 4.4-1。柱、梁和楼板的混凝土强度等级为 C40，梁柱纵筋均采用 HRB400，纵筋保护层厚度取为 30mm，箍筋和楼板钢筋采用 HPB300。屋面、楼面为现浇板，板厚为 100mm，保护层厚度为 15mm。PKPM 计算时周期折减系数取 0.8。

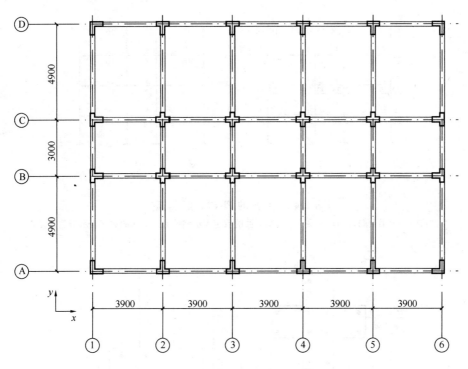

图 4.4-1 结构平面图

截面特性 表 4.4-1

截面类型	尺寸（mm×mm）	截面积（m²）	惯性矩（m⁴）
T形截面柱	250×700	0.2875	0.01120
十字形截面柱	250×650	0.2625	0.00624
矩形梁	250×500	0.1250	0.00260

注：T形截面柱的惯性矩为T形柱腹板方向的。

用 PKPM2010 对该结构建模。通过 SAT-WE 计算得到结构沿平面图中 Y 方向的自振周期为 $T_1 = 0.345s$；首层 T 形柱轴压比为 0.17，十字形柱轴压比为 0.23；结构中第一、二和三层的单位面积质量为 $1.437t/m^2$，第四层的单位面积质量为 $1.361t/m^2$。再用 PKPM 通过梁平法画出梁结构施工图，得到结构平面图中④轴处一榀框架的梁配筋量如图 4.4-3 所示。

使用 CRSC 软件计算，得到结构中十字形柱配筋为 12 ⊈ 18，第一层 T 形柱配筋为 12 ⊈ 20，其他层 T 形柱配筋均为 12 ⊈ 18；首层十字形柱框架节点最大剪力 817.5kN，剪压比限值数 1539.5kN，符合规程的要求。柱的截面尺寸及配筋形式如图 4.4-4 所示。

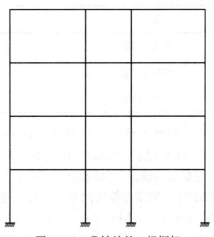

图 4.4-2 ④轴处的一榀框架

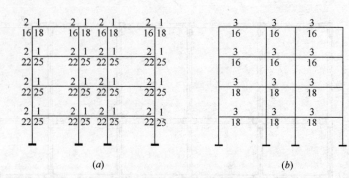

图 4.4-3 模型的 PKPM 梁配筋量

注：(a) 为梁上筋，(b) 为梁下筋，梁上面的数字表示钢筋数，下面的数字表示钢筋直径

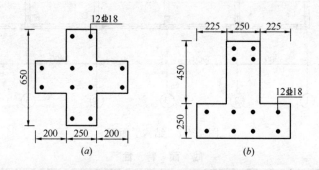

图 4.4-4 柱截面尺寸及配筋形式

(a) 十字形柱；(b) T 形柱

考虑梁柱节点刚臂，根据《高层建筑混凝土结构技术规程》JGJ 3—2010 的第 5.3.4 条中的公式，可计算得到刚臂数据如表 4.4-2 所示。

梁柱节点刚臂数据（m）　　　　　　　　　　　表 4.4-2

梁位置	i 端 X 方向刚臂	j 端 X 方向刚臂
结构左侧梁	0.313	0.20
结构中间梁	0.20	0.20
结构右侧梁	0.20	0.313

由一榀框架承担的竖向荷载面积乘单位面积质量，即 3.9m×13.04m×1.437＝73.08t（1～3 层）、3.9m×13.04m×1.361＝69.22t（4 层），得到平面计算模型的各层质量。根据前面确定的结构刚度，再通过 NDAS2D 软件计算出模型的第一自振周期，令其与 PKPM 空间模型算出的第一自振周期相等，调整平面模型的各层质量，便得到各层质量为：70t（1～3 层）、68t（4 层）。按中间质点略多些，分配到每层各质点上的质量为：边质点 15t（1～3 层）、13t（4 层）；中间质点 20t（1～3 层）、16t（4 层）。

采用平面结构弹塑性地震响应分析软件 NDAS2D，输入以上的数值，计算结构的前三阶自振周期和振型如图 4.4-5 所示。

按照梁板自重及可能有半楼层高的隔墙重量估算梁上的均布荷载，柱上荷载由该节点质量减去相邻梁上荷载确定，具体数值见下面 NDAS2D 的输入数据文件。

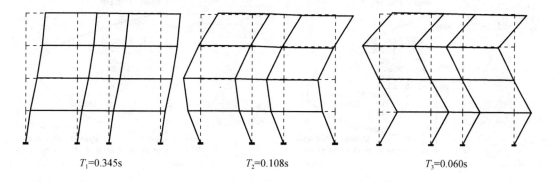

$T_1=0.345s$ $T_2=0.108s$ $T_3=0.060s$

图 4.4-5 结构平面模型的前三阶自振周期和振型

4.4.2 弹塑性分析所需数据

将柱的尺寸及配筋信息输入到 MyN 软件中得到柱的 M_y-N 数据（图 4.4-6），通过数据拟合，得到表 4.4-3 中柱的屈服面特性数据。

异形柱截面屈服面特性（屈服面代码＝4）   表 4.4-3

截面	系数 a	系数 b	系数 c	系数 d	系数 e	系数 f	系数 g	系数 h	受拉屈服力 P_{yt}（kN）
1层 T 形柱	645.1	0.2835	$-4.839\mathrm{e}{-5}$	$1.666\mathrm{e}{-9}$	482.5	0.2121	$-1.040\mathrm{e}{-5}$	$-1.035\mathrm{e}{-9}$	-1628.6
2～4 层 T 形柱	526.3	0.3162	$-5.396\mathrm{e}{-5}$	$1.947\mathrm{e}{-9}$	396.1	0.2122	$-8.891\mathrm{e}{-5}$	$-1.197\mathrm{e}{-9}$	-1319.2
十字形柱	378.8	0.1437	$-1.690\mathrm{e}{-5}$	$-4.505\mathrm{e}{-11}$	378.8	0.1437	$-1.690\mathrm{e}{-5}$	$-4.505\mathrm{e}{-11}$	-1319.2

对结构分两种模型进行地震时程响应计算：其中模型 1 是把梁配筋全放在梁肋截面内，同时考虑每侧各 6 倍板厚宽度楼板的混凝土及楼板上部和下部钢筋；模型 2 是把 70% 的梁上筋以及全部的梁下筋放在梁肋截面内，同时考虑每侧各 6 倍板厚宽度楼板的混凝土及楼板上部和下部钢筋。

用 RCM 软件计算，其中材料强度取平均值，C40 混凝土强度为 36.1N/mm²，梁筋强度为 432N/mm²，板筋强度为 327N/mm²。最小配筋率 $0.45f_t/f_y=0.45\times1.71/270=0.285\%>0.2\%$，计算出单位宽度楼板配筋面积至少为 $0.285\%\times1000\times100=285\mathrm{mm}^2/\mathrm{m}$，配筋 $\phi8@170$，即板上筋、板下筋直径 8mm，间距 170mm，实配 296mm²/m。有效翼缘宽度内板上、下钢筋之和为 $2\times296\times100\times12/1000=710.4\mathrm{mm}^2$，再将其转化为梁主筋相同强度，即为 $710.4\times270/360=532.8\mathrm{mm}^2$ 它占最大梁负筋 1520.9mm² 的 35%、占最小梁负筋 603mm² 的 0.88%，为简单计，取所有梁负筋的 30% 放入梁侧板中。通过 RCM 软件计算（图 4.4-7 给出了前两种配筋梁的图示），得到梁及梁侧楼板抗弯承载力见表 4.4-4。

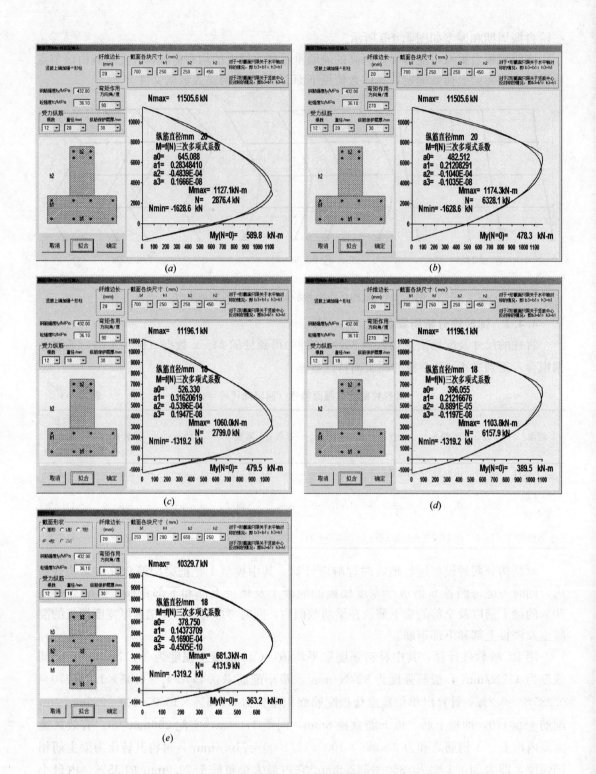

图 4.4-6　柱 *N-M* 屈服强度计算

(*a*) 1 层 T 形柱 *α*＝90°；(*b*) 1 层 T 形柱 *α*＝270°；(*c*) 2～4 层 T 形柱 *α*＝90°；

(*d*) 2～4 层 T 形柱 *α*＝270°；(*e*) 十字形柱 *α*＝0°

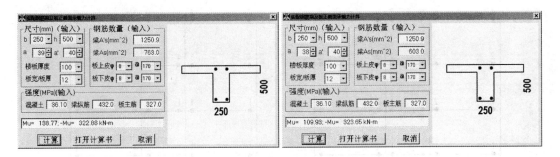

图 4.4-7　梁及梁侧楼板抗弯承载力计算

不同梁端配筋量 mm² 及其梁端受弯承载力（kN·m）　　　　　　表 4.4-4

编号	梁上筋/梁下筋	A'_s/A_s	M^+/M^-（模型 1）	$70\% A'_s/A_s$	M^+/M^-（模型 2）
1	2 Φ 22＋Φ 25/3 Φ 18	1250.9/763	138.77/322.88	875.6/763	138.77/−254.62
3	2 Φ 22＋Φ 25/3 Φ 16	1250.9/603	109.93/323.65	875.6/603	109.93/−255.23
5	2 Φ 16＋Φ 18/3 Φ 16	656.5/603	110.45/215.85	455.6/603	110.19/−178.86

注：为省篇幅，表中未给出偶数编号的屈服数据，偶数编号的屈服数据由相应奇数编号的屈服数据调换正负弯矩得到。

输入平面结构弹塑性计算软件 NDAS2D，通过数据检查后，可显示杆端屈服面编号分布图（图 4.4-8），可检查输入数据是否正确。

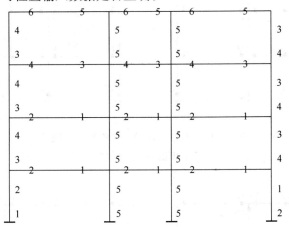

图 4.4-8　屈服面编号分布

4.4.3　弹塑性时程计算

本算例采用平面结构弹塑性地震响应分析软件 NDAS2D，输入 El Centro 地震波（1940，南北向），并将加速度幅值调整到 0.40g，以符合建筑抗震规范关于 8 度（0.20g）的罕遇地震规定值。得到结构的出铰顺序如图 4.4-9 所示。

输入唐山地震北京饭店记录波（1976，7，28），并将加速度幅值调整到 0.40g，得到结构的出铰顺序如图 4.4-10 所示。

输入汶川地震理县木卡记录波（2008，5，12），并将加速度幅值调整到 0.40g，得到结构的出铰顺序如图 4.4-11 所示。

通过 NDAS2D 计算出的层间位移角曲线数据文件，得到层间位移角包络曲线如图 4.4-12 所示。

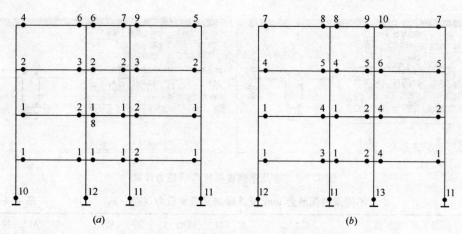

图 4.4-9　El Centro 波作用下各模型出铰顺序

(a) 模型 1；(b) 模型 2

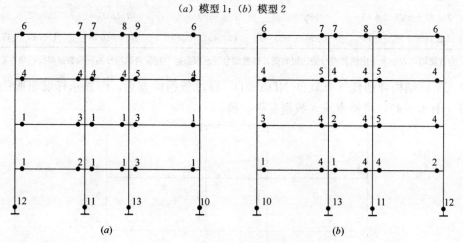

图 4.4-10　北京波作用下各模型出铰顺序

(a) 模型 1；(b) 模型 2

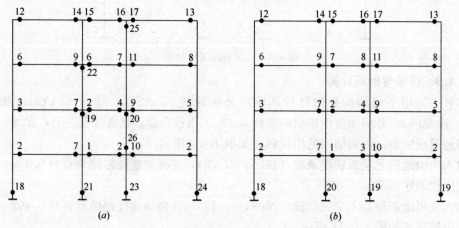

图 4.4-11　理县波作用下各模型出铰顺序

(a) 模型 1；(b) 模型 2

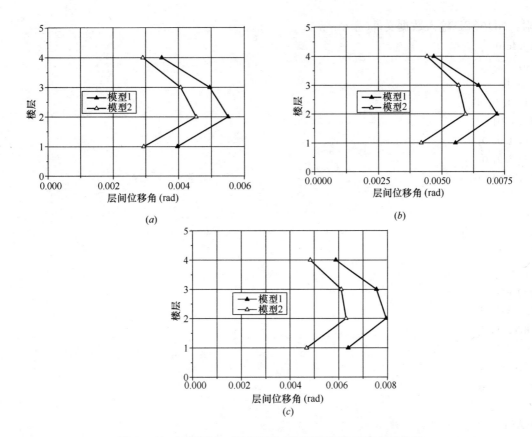

图 4.4-12　两模型在三地震波作用下的层间位移角包络曲线

(a) El Centro 波作用下；(b) 北京波作用下；(c) 理县波作用下

4.4.4　结果分析

三种地震波作用下，理县波对结构的破坏作用最严重，北京波次之，El Centro 波最轻。

在 8 度（0.20g）罕遇地震作用下，三种地震波作用下，两种模型均是梁铰为主的破坏模式，模型 1 是梁铰为主的破坏模式，模型 2 是理想的梁铰破坏模式。就是说，模型 2 既节省了钢筋，方便施工，又可达到理想破坏模式。

比较两种模型的层间位移角包络曲线可以发现，三条地震波作用下层间位移角最大值都是出现在第二层上，位移角最大值见表 4.4-5。模型 2 的最大位移角不大于 1/175，离建筑抗震设计规范对框架结构要求的 1/50 还相差很远。可以看出，8 度（0.20g）4 层结构在相应的地震作用下的塑性铰的出现情况和位移角还是比较理想的。因此认为 8 度（0.20g）区的房屋最大适用高度在《混凝土异形柱结构技术规程》JGJ 149—2006 中的规定值内可行。

两模型在三地震波作用下的最大层间位移角　　表 4.4-5

地震波	El Centro 波	北京波	理县波
模型 1	0.0055（1/182）	0.0072（1/139）	0.0079（1/126）
模型 2	0.0045（1/220）	0.0059（1/168）	0.0063（1/159）

附：NDAS2D 输入数据文件

```
20g4c40
20, 2
COOR
 1, 0, 0, 4
17, 0, 12, 0
 2, 4.9, 0, 0
 3, 7.9, 0, 0
 4, 12.8, 0, 0
0/
stor
1, 3, 4, 1, 4
0/
0/
NQDP
 1, 333, 1
 6, 211, 1
20, 211, 0
 5, 111, 4
17, 111, 0
0/
MAST
6, 8, 1, 5
0/
stor
6, 2, 3, 1, 4
0/
0/
SORT
1
MASS
 5, 13, 4, 15, 15, 0
 6, 14, 4, 20, 20, 0
 7, 15, 4, 20, 20, 0
 8, 16, 4, 15, 15, 0
17, 20, 3, 13, 13, 0
18, 19, 1, 16, 16, 0
0/
ELEM
2
1, 3.25e7, 0.05, 0.2875, 1.12e−2, 4, 4, 2, 0, 0.2
2, 3.25e7, 0.05, 0.2625, 6.24e−3, 4, 4, 2, 0, 0.2
0/
```

0/
1, 4, 645.09, 0.2835, −4.839e−5, 1.666e−9, 482.51, 0.2121, −1.040e−5, −1.035e−10, −1628.6
2, 4, 482.51, 0.2121, −1.040e−5, −1.035e−10, 645.09, 0.2835, −4.839e−5, 1.666e−9, −1628.6
3, 4, 526.33, 0.3162, −5.396e−5, 1.947e−9, 396.06, 0.2122, −8.891e−5, −1.197e−9, −1319.2
4, 4, 396.06, 0.2122, −8.891e−5, −1.197e−9, 526.33, 0.3162, −5.396e−5, 1.947e−9, −1319.2
5, 4, 378.75, 0.1437, −1.69e−5, −4.505e−11, 378.75, 0.1437, −1.69e−5, −4.505e−11, −1319.2
0/
0/
 1, 1, 5, 0, 1, 0, 1, 2, 1, 0, 0, 0
 2, 5, 9, 4, 1, 0, 3, 4, 1, 0, 0, 0
 5, 2, 6, 4, 2, 0, 5, 5, 1, 0, 0, 0
 9, 3, 7, 4, 2, 0, 5, 5, 1, 0, 0, 0
13, 4, 8, 0, 1, 0, 2, 1, 1, 0, 0, 0
14, 8, 12, 4, 1, 0, 4, 3, 1, 0, 0, 0
16, 16, 20, 0, 1, 0, 4, 3, 1, 0, 0, 0
0/
5
1, 3.25e7, 0.05, 0.25, 5.2e−3, 4, 4, 2, 0, 0.2
0/
1, 0.313, −0.20, 0, 0
2, 0.20, −0.20, 0, 0
3, 0.20, −0.313, 0, 0
0/
1, 138.77, −322.88
2, 322.88, −138.77
3, 109.93, −323.65
4, 323.65, −109.93
5, 110.45, −215.85
6, 215.85, −110.45
0/
0/
 1, 5, 6, 4, 1, 1, 2, 1, 1, 0, 0, 0
 3, 13, 14, 0, 1, 1, 4, 3, 1, 0, 0, 0
 4, 17, 18, 0, 1, 1, 6, 5, 1, 0, 0, 0
 5, 6, 7, 4, 1, 2, 2, 1, 1, 0, 0, 0
 7, 14, 15, 0, 1, 2, 4, 3, 1, 0, 0, 0
 8, 18, 19, 0, 1, 2, 6, 5, 1, 0, 0, 0
 9, 7, 8, 4, 1, 3, 2, 1, 1, 0, 0, 0
11, 15, 16, 0, 1, 3, 4, 3, 1, 0, 0, 0
12, 19, 20, 0, 1, 3, 6, 5, 1, 0, 0, 0
0/
LOAD
2

0

5，13，4，0，−80，0

6，14，4，0，−120，0

7，15，4，0，−120，0

8，16，4，0，−80，0

17，20，3，0，−55，0

18，19，1，0，−58，0

0/

2

2，1，3，1，−24，4.9

2，4，4，0，−20，4.9

2，5，7，1，−24，3.0

2，8，8，0，−20，3.0

2，9，11，1，−24，4.9

2，12，12，0，−20，4.9

0/

1，1

0/

EIGE

4，0.0001

DAMP

1.385336，0，0.13134e−02

EQRA

1，1850，−1850，0.02，0.01170342，0，0 ! 1.170342 ∗ 341.7805＝400 G

EQAX elct−n＝s

12.540，10.823，10.117，8.827，9.515，12.027，14.227，12.821

模型 2 用下面数据替换上面模型 1 数据中的梁屈服面描述数据

1，138.77，−254.62

2，234.62，−138.77

3，109.93，−255.23

4，255.23，−109.93

5，110.19，−178.86

6，178.86，−110.19

4.5　8度（0.30g）地震设防区
异形柱框架结构适用高度

4.5.1　结构及其小震弹性设计结果

本算例下房屋位于 8 度（0.30g）区，Ⅱ类场地，地震分组为第二组，二级抗震等级，共 3 层，层高均为 3m，平、立面见图 4.5-1、图 4.5-2。算例中的柱均为等肢截面，其肢截面尺寸见表 4.5-1。柱、梁和楼板的混凝土强度等级均为 C40；梁柱纵筋均采用

HRB400，箍筋和楼板钢筋采用 HPB300，纵筋保护层厚度取为 30mm。屋面、楼面为现浇板，板厚为 100mm，钢筋保护层厚度为 15mm。PKPM 计算时周期折减系数取为 0.8。

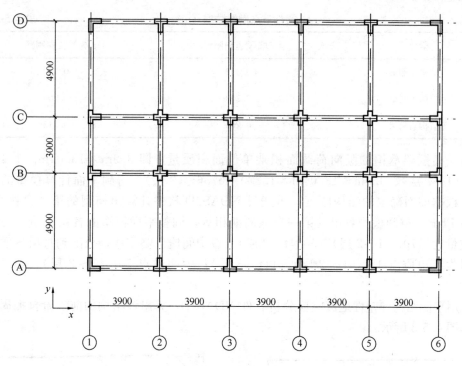

图 4.5-1　结构平面图

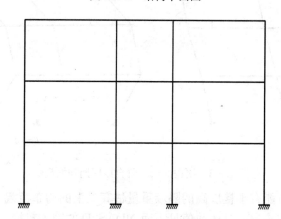

图 4.5-2　④轴处的一榀框架

截　面　特　性			表 4.5-1
截面类型	尺寸（mm×mm）	截面积（m²）	惯性矩（m⁴）
T 形截面柱	250×700	0.2875	0.01120
十字形截面柱	250×650	0.2625	0.00624
矩形梁	250×500	0.1250	0.00260

注：T 形截面柱的惯性矩为 T 形柱腹板方向的。

考虑梁柱节点刚臂，根据《高层建筑混凝土结构技术规程》JGJ 3—2010第5.3.4条中的公式，可计算得到刚臂数据如表4.5-2所示。

梁柱节点刚臂数据（m）   表 4.5-2

梁位置	i 端 X 方向刚臂	j 端 X 方向刚臂
结构左侧梁	0.313	−0.200
结构中间梁	0.200	−0.200
结构右侧梁	0.200	−0.313

由一榀框架承担的竖向荷载面积乘单位面积质量，即 3.9m×13.04m×1.402＝71.3t（1～2层）、3.9m×13.04m×1.330＝67.6t（3层），得到平面计算模型的各层质量。根据前面确定的结构刚度，再通过 NDAS2D 软件计算出模型的第一自振周期，令其与 PKPM 空间模型算出的第一自振周期相等，调整平面模型的各层质量，便得到各层质量为：70t（1～2层）、50.4t（3层）。按中间质点略多些，分配到每层各质点上的质量为：边质点15t（1～2层）、11t（3层）；中间质点20t（1～3层）、14.2t（3层）。

采用平面结构弹塑性地震响应分析软件 NDAS2D，算出该结构的前二阶自振周期及振型如图4.5-3所示。

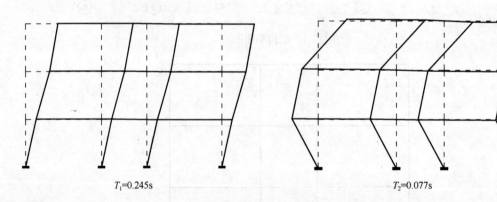

$T_1=0.245s$ $T_2=0.077s$

图 4.5-3　结构的前二阶自振周期和振型

按照梁板自重及可能有半楼层高的隔墙重量估算梁上的均布荷载，柱上荷载由该节点质量减去相邻梁上荷载确定，具体数值见下面 NDAS2D 的输入数据文件。

用 PKPM2010 对该结构建模。通过 SATWE 计算得到结构的自振周期为 $T_1＝0.245s$（沿平面图中 Y 方向），$T_2＝0.236s$，$T_3＝0.214s$；首层4轴处 T 形柱轴压比为0.12，十字形柱轴压比为0.17；结构中第一、二层的单位面积质量为 1.402t/m²，第三层的单位面积质量为 1.330t/m²。再用 PKPM 通过梁平法画出梁结构施工图，得到结构平面图中4轴处一榀框架的梁配筋量如图4.5-4所示。

使用 CRSC 软件计算，得到结构中十字形柱配筋为 12 ⌽ 18，T 形柱配筋均为 12 ⌽ 18；首层的十字形柱框架节点最大剪力为798.5kN，由剪压比限值算出的受剪承载力为1539.5kN，符合规范剪压比限值要求。柱的截面尺寸及配筋形式如图4.5-5所示。

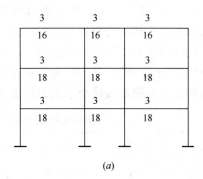

图 4.5-4 模型的 PKPM 梁配筋量

（a）梁上筋；（b）梁下筋

注：梁上面的数字表示钢筋根数，下面的数字表示钢筋直径

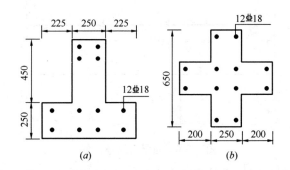

图 4.5-5 柱截面尺寸及配筋

（a）T 形柱；（b）十字形柱

4.5.2 弹塑性分析所需数据

将柱的尺寸及配筋信息输入到 RCM 软件中得到柱的 M_y-N 数据（柱截面、配筋与第 4.4 例中 2～4 层柱的相同，见图 4.4-6），经过数据拟合，得到表 4.5-3 中柱的屈服面特性数据。

异形柱截面屈服面特性（屈服面代码＝4） 表 4.5-3

编号	截面	系数 a	系数 b	系数 c	系数 d	系数 e	系数 f	系数 g	系数 h	受拉屈服力（kN）
1	T 形柱	526.3	0.3162	−5.396e-5	1.947e-9	396.1	0.2122	−8.891e-5	−1.197e-9	−1319.2
3	十字形柱	378.8	0.1437	−1.690e-5	−4.505e-11	378.8	0.1437	−1.690e-5	−4.505e-11	−1319.2

对结构分三种模型进行地震时程响应计算：其中模型 1 是把梁配筋全放在梁肋截面内，同时考虑每侧各 6 倍板厚宽度楼板的混凝土及其内钢筋的影响，即采用设计院的通常做法；模型 2 是把 70% 的梁上筋以及全部的梁下筋放在梁肋截面内，同时考虑每侧各 6 倍板厚宽度楼板的混凝土及其内钢筋的影响。

用 RCM 软件计算，其中材料强度取平均值，C40 混凝土强度为 36.1N/mm²，梁筋强度为 432N/mm²，板筋强度为 327N/mm²。最小配筋率 $0.45f_t/f_y = 0.45 \times 1.71/270 = 0.285\% > 0.2\%$，计算出单位宽度楼板配筋面积至少为 $0.285\% \times 1000 \times 100 = 285\text{mm}^2/\text{m}$，

配筋 $\phi 8@170$，即板上筋、板下筋直径 8mm，间距 170mm，实配 $296mm^2/m$。有效翼缘宽度内板上、下钢筋之和为 $2×296×100×12/1000＝710.4mm^2$，再将其转化为梁主筋相同强度，即为 $710.4×270/360＝532.8mm^2$，它占最大梁负筋 $1520.9mm^2$ 的 35%，占最小梁负筋 $603mm^2$ 的 0.88%，为简单计，取所有梁负筋的 30% 放入梁侧板中。通过 RCM 软件得到梁及梁侧楼板抗弯承载力见表 4.5-4。

不同梁端配筋量（mm^2）及其梁端受弯承载力（$kN \cdot m$）　　　　　表 4.5-4

编号	梁上筋/梁下筋	A'_s/A_s	M^+/M^-（模型 1）	$70\%A'_s/A_s$	M^+/M^-（模型 2）
1	2ϕ22＋ϕ25/3ϕ18	1250.9/763	138.77/322.88	875.6/763	138.77/−254.62
3	2ϕ18＋ϕ16/3ϕ16	710.1/603	110.19/225.37	497.1/603	109.93/−186.23

注：为省篇幅，表中未给出偶数编号的屈服数据，偶数编号的屈服数据由相应奇数编号的屈服数据调换正负弯矩得到。

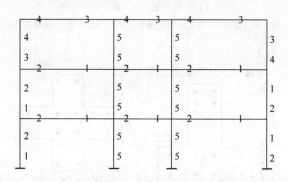

图 4.5-6　屈服面编号分布

图中奇数号的屈服面编号就是表 4.5-2、4.5-3 中的编号，其加 1 得到的偶数屈服面编号、柱的是表 4.5-2 中奇数编号 e、f、g、h 与编号 a、b、c、d 的多项式系数对调得到的屈服面数据；梁的是表 4.5-3 中 M^+ 与 M^- 对调得到的屈服面数据。这样做是为了符合 NDAS2D 软件对于单元类型号 2、5 杆件弯矩符号的约定。

4.5.3　弹塑性时程计算

输入 El Centro 地震波（1940，南北向），并将加速度幅值调整到 $0.510g$，以符合建筑抗震规范（8 度 $0.30g$）的规定值。得到结构的出铰顺序如图 4.5-7 所示。

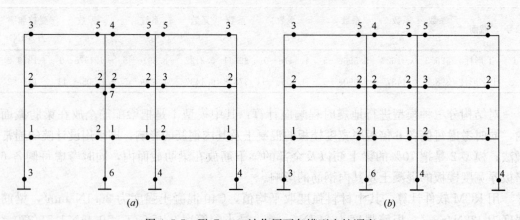

图 4.5-7　El Centro 波作用下各模型出铰顺序
（a）模型 1；（b）模型 2

138

输入唐山地震北京饭店记录波（1976，7，28），并将加速度幅值调整到 0.40g，得到结构的出铰顺序如图 4.5-8 所示。

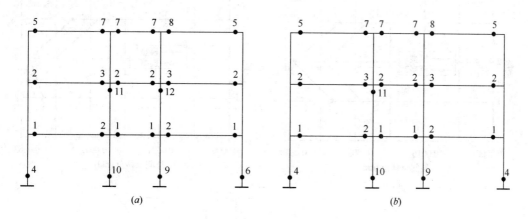

图 4.5-8　北京波作用下各模型出铰顺序
(a) 模型 1；(b) 模型 2

输入汶川地震理县木卡记录波（2008，5，12），并将加速度幅值调整到 0.40g，得到结构的出铰顺序如图 4.5-9 所示。

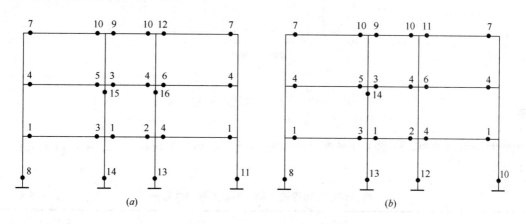

图 4.5-9　理县波作用下各模型出铰顺序
(a) 模型 1；(b) 模型 2

通过 NDAS2D 计算出的层间位移角曲线数据文件，得到层间位移角包络曲线如图 4.5-10 所示。

4.5.4　结果分析

三种地震波作用下，理县波对结构的破坏作用最严重，北京波次之（与理县波作用相近），El Centro 波最轻。

比较两种模型塑性铰出现的顺序与位置可以发现，在 8 度（0.30g）地震作用下，两种模型第一层柱根处分别有柱铰出现，模型 1 的柱铰出现顺序先于模型 2。并且模型 2 的柱铰较模型 1 更少。但是两种模型柱铰的出现还是比较晚的。比较两种模型的层间位移角

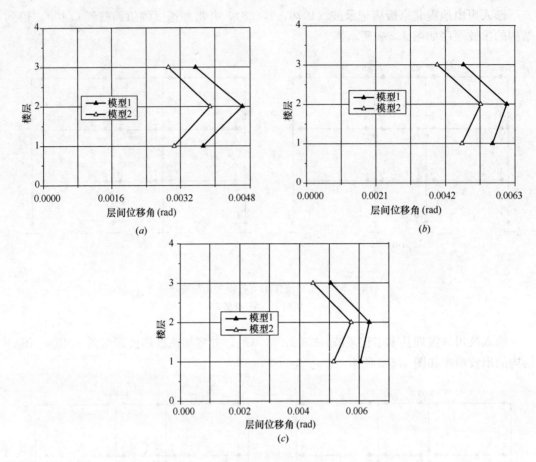

图 4.5-10　各模型的层间位移角曲线

(a) El Centro 波作用下；(b) 北京波作用下；(c) 理县波作用下

包络曲线可以发现，模型 1 和模型 2 的位移角最大值都是出现在第二层上，最大值见表 4.5-5。

两模型在三地震波作用下的最大层间位移角　　　　　　　　表 4.5-5

地震波	El Centro 波	北京波	理县波
模型 1	0.0046（1/216）	0.0061（1/165）	0.0063（1/158）
模型 2	0.0039（1/257）	0.0053（1/190）	0.0057（1/175）

通过以上分析可以看出，8 度（0.30g）3 层结构在相应的地震作用下的塑性铰的出现情况和位移角还是比较理想的。因此本文认为 8 度（0.30g）区的可以建设房屋高度较低，例如不超过 3 层的房屋。

前两条地震波作用下，T 形截面边柱柱根塑性铰出现较早，是因为该柱轴压比小（小于 0.15），按规程要求不乘内力调整系数（柱弯矩放大系数），若乘此系数首层 T 形柱的纵向钢筋会达到 12 Φ 20，可推迟柱根塑性铰的出现。但即使不乘该放大系数，楼层的层间位移角还是满足规程关于大震下层间位移角限值的要求。

附：NDAS2D 输入数据文件

```
30g3c40
16, 2
COOR
 1, 0, 0, 4
13, 0, 9, 0
 2, 4.9, 0, 0
 3, 7.9, 0, 0
 4, 12.8, 0, 0
0/
stor
1, 3, 3, 1, 4
0/
0/
NQDP
 1, 333, 1
 6, 211, 1
16, 211, 0
 5, 111, 4
13, 111, 0
0/
MAST
6, 8, 1, 5
0/
stor
6, 2, 2, 1, 4
0/
0/
SORT
1
MASS
 5, 8, 3, 15, 15, 0
 6, 7, 1, 20, 20, 0
 9, 12, 3, 15, 15, 0
10, 11, 1, 20, 20, 0
13, 16, 3, 11, 11, 0
14, 15, 1, 14.2, 14.2, 0
0/
ELEM
2
1, 3.25e7, 0.05, 0.2875, 1.12e−2, 4, 4, 2, 0, 0.2
2, 3.25e7, 0.05, 0.2625, 6.24e−3, 4, 4, 2, 0, 0.2
0/
```

0/
1, 4, 645.09, 0.2835, −4.839e−5, 1.666e−9, 482.51, 0.2121, −1.040e−5, −1.035e−10, −1628.6
2, 4, 482.51, 0.2121, −1.040e−5, −1.035e−10, 645.09, 0.2835, −4.839e−5, 1.666e−9, −1628.6
3, 4, 526.33, 0.3162, −5.396e−5, 1.947e−9, 396.06, 0.2122, −8.891e−5, −1.197e−9, −1319.2
4, 4, 396.06, 0.2122, −8.891e−5, −1.197e−9, 526.33, 0.3162, −5.396e−5, 1.947e−9, −1319.2
5, 4, 378.75, 0.1437, −1.69e−5, −4.505e−11, 378.75, 0.1437, −1.69e−5, −4.505e−11, −1319.2
0/
0/
 1, 1, 5, 4, 1, 0, 1, 2, 1, 0, 0, 0
 3, 9, 13, 0, 1, 0, 3, 4, 1, 0, 0, 0
 4, 2, 6, 4, 2, 0, 5, 5, 1, 0, 0, 0
 7, 3, 7, 4, 2, 0, 5, 5, 1, 0, 0, 0
10, 4, 8, 4, 1, 0, 2, 1, 1, 0, 0, 0
12, 12, 16, 0, 1, 0, 4, 3, 1, 0, 0, 0
0/
5
1, 3.25e7, 0.05, 0.25, 5.2e−3, 4, 4, 2, 0, 0.2
0/
1, 0.313, −0.20, 0, 0
2, 0.20, −0.20, 0, 0
3, 0.20, −0.313, 0, 0
0/
1, 138.77, −322.88
2, 322.88, −138.77
3, 110.19, −225.37
4, 225.37, −110.19
0/
0/
1, 5, 6, 4, 1, 1, 2, 1, 1, 0, 0, 0
3, 13, 14, 0, 1, 1, 4, 3, 1, 0, 0, 0
4, 6, 7, 4, 1, 2, 2, 1, 1, 0, 0, 0
6, 14, 15, 0, 1, 2, 4, 3, 1, 0, 0, 0
7, 7, 8, 4, 1, 3, 2, 1, 1, 0, 0, 0
9, 15, 16, 0, 1, 3, 4, 3, 1, 0, 0, 0
0/
LOAD
2
0
 5, 9, 4, 0, −80, 0
 6, 10, 4, 0, −120, 0
 7, 11, 4, 0, −120, 0
 8, 12, 4, 0, −80, 0
13, 16, 3, 0, −65, 0

14，15，1，0，−60，0

0/

2

2，1，2，1，−24，4.9

2，3，3，0，−20，4.9

2，4，5，1，−24，3.0

2，6，6，0，−20，3.0

2，7，8，1，−24，4.9

2，9，9，0，−20，4.9

0/

1，1

0/

MAXX

100

EIGE

4，0.0001

DAMP

1.950711，0，0.93528e−03

EQRA

1，1850，−1850，0.02，0.014926，0，0! 1.14926＊341.705＝510gal

EQAX elct−n＝s

12.540，10.823，10.117，8.827，9.515，12.027，14.227，12.821

模型2用下面数据替换上面模型1数据中的梁屈服面描述数据

1，138.77，−254.62

2，254.62，−138.77

3，109.93，−186.23

4，186.23，−109.93

4.6 7度（0.10g）地震设防区
乙类异形柱框架结构适用高度

4.6.1 乙类建筑设计要求

《建筑工程抗震设防分类标准》GB 50223—2008[6]指出：乙类建筑是重点设防类建筑的简称。所谓"重点设防类"是指地震时使用功能不能中断或需尽快恢复的生命线相关建筑，以及地震时可能导致大量人员伤亡等重大灾害后果，需要提高设防标准的建筑。并规定：教育建筑中，幼儿园、小学、中学的学生宿舍抗震设防类别应不低于重点设防类。

由于混凝土异形柱结构的特性，为安全起见，对高度接近高层建筑混凝土结构技术规程适用房屋高度的建筑，我们执行《高层建筑混凝土结构技术规程》的规定。该规程第3.9.1条（强制性条文）规定：乙类建筑应按本地区抗震设防烈度提高一度的要求加强其抗震措施，当建筑场地为I类时，应允许按本地区抗震设防烈度的要求采取抗震构造措施。该规程

第4.3.1条（强制性条文）规定：乙类建筑的地震作用应按本地区抗震设防烈度计算。

为更慎重起见，我们还按照谢礼立院士等《基于性态的抗震设防与设计地震动》[7]的严于以上"高规"强制性条文的建议对本章算例进行了计算，结果表明该算例也符合此建议的要求。

谢院士建议将甲、乙类建筑的设计基准期由50年延长到200年、100年，而丁类建筑的设计基准期则由50年缩短到40年（表4.6-1），从而定量说明了甲、乙、丙、丁四类建筑重要性的差别，同时各类建筑的重要性含义也能够很直观地体现，物理概念十分清楚。

建筑重要性调整系数及相应的设计基准期建议值　　　　　　　表 4.6-1

建筑重要性类别	重要性调整系数 φ	设计基准期 $T_L = 50 \cdot \varphi$
甲	4	200
乙	2	100
丙	1	50
丁	0.8	40

谢院士还用表格形式（表4.6-2仅给出了6、7度的部分情况）给出了各危险性特征区内不同超越概率对应的地震烈度取值。

不同超越概率地震烈度的取值　　　　　　　表 4.6-2

超越概率	相当超越概率	6度			7度		
		Ⅰ区	Ⅱ区	Ⅲ区	Ⅰ区	Ⅱ区	Ⅲ区
200年10%	50年3%	7.1	6.7	6.4	7.9	7.6	7.3
100年10%	50年5%	6.7	6.4	6.2	7.6	7.3	7.2
50年10%	50年10%	6	6	6	7	7	7
40年10%	50年12%	5.8	5.9	5.9	6.8	6.9	7

因为异形柱框架结构柱达不到一级抗震等级要求的延性性能，所以异形柱结构技术规程不允许设计建造1级抗震等级的异形柱框架结构，即异形柱框架结构不可用于9度地震设防区。再考虑到乙类建筑应按提高一度加强其抗震措施，故只可能允许建造6度、7度地震设防区的乙类异形柱框架结构。

为考察异形柱结构用于中、小学学生宿舍等乙类建筑的可能性，本章试设计了一座乙类的异形柱框架结构，结构基本信息与本书第4章2节7度（0.10g）地震设防的8层框架结构房屋几乎相同，只是由于提高1度采取抗震措施后，底层柱轴压比超过规程的限值要求，故将该建筑的混凝土强度等级由C35提高至C40，底部1～4层中间框架十字形截面柱略微增大截面尺寸。

4.6.2 算例结构及其小震弹性设计结果

房屋位于7度（0.10g）区，Ⅱ类场地，地震分组为第二组，二级抗震等级，共8层，层高均为3m。结构平面、立面如图4.6-1、图4.6-2所示。柱均为等肢截面，其截面一肢的尺寸见表4.6-3。梁柱和楼板的混凝土等级均为C40；梁柱纵筋均采用HRB400，纵筋保护层厚度取为30mm，箍筋和楼板钢筋采用HPB300。屋面、楼面为现浇板，板厚为110mm，板钢筋保护层厚度为15mm。PKPM计算时取周期折减系数为0.7。楼面活载分别为2.0kN/m²；屋面活载为0.5kN/m²。

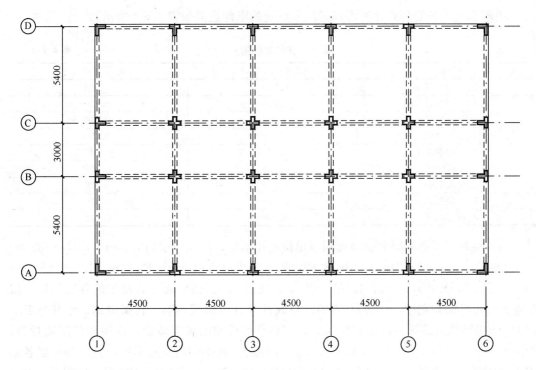

图 4.6-1 结构平面图

截 面 特 性   表 4.6-3

截面类型	尺寸（mm×mm）	截面积（m²）	惯性矩（m⁴）	纵向钢筋
1、2 层 T 形截面柱	200×700	0.24	0.009243	12 ⏀ 16
3 层及以上 T 形截面柱	200×650	0.22	0.007569	12 ⏀ 16
1、2 层十字形截面柱	200×750	0.26	0.007398	12 ⏀ 16
3、4 层十字形截面柱	200×700	0.24	0.005717	12 ⏀ 16
5 层及以上十字形柱	200×650	0.22	0.004877	12 ⏀ 14
矩形梁	200×500	0.10	0.002083	见表 4.6-6

注：T 形截面柱的惯性矩为 T 形柱腹板方向的。

用 PKPM2010 对该结构建模。结构中第 1、2 层的单位面积质量为 1.405 t/m²，第 3、4 层的单位面积质量为 1.394t/m²，第 5～7 层的单位面积质量为 1.390t/m²，第 8 层的单位面积质量为 1.265t/m²。通过 SATWE 计算得到结构沿平面图中 Y 方向的自振周期为 $T_1 = 0.863$s，$T_2 = 0.854$s，$T_3 = 0.804$s。首层 4 轴处 T 形柱的轴压比为 0.43，十字形柱的轴压比为 0.52。

考虑梁柱节点刚臂，根据《高层建筑混凝土结构技术规程》JGJ 3—

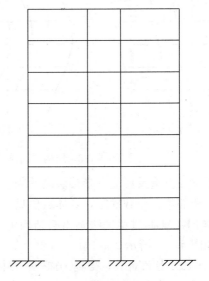

图 4.6-2 ④轴处一榀框架

2010 中第 5.3.4 条的公式计算得到梁柱节点处的刚臂数据如表 4.6-4 所示。

梁柱节点刚臂数据（m） 表 4.6-4

梁位置	i 端 X 方向刚臂	j 端 X 方向刚臂
1、2 层左梁	0.329	0.250
3、4 层左梁	0.329	0.225
5～8 层左梁	0.292	0.200
1、2 层中梁	0.250	0.250
3、4 层中梁	0.225	0.225
3～8 层中梁	0.200	0.200
1、2 层右梁	0.250	0.329
3、4 层右梁	0.225	0.329
3～8 层右梁	0.200	0.292

由一榀框架承担的竖向荷载面积乘单位面积质量，即 4.5m×13.24m×1.405＝83.8 t（1、2 层）、4.5m×13.24m×1.394＝83.1 t（3、4 层）、4.5m×13.24m×1.390＝82.8 t（5～7 层）、4.5m×13.24m×1.265＝75.4 t（8 层），得到平面计算模型的各层质量。根据前面确定的结构刚度，再通过 NDAS2D 软件计算出模型的第一自振周期，令其与 PK-PM 空间模型算出的第一自振周期相等，调整平面模型的各层质量，便得到各层质量为：84 t（1、2 层）、81.4 t（3～7 层）、68.6 t（8 层）。按中间质点略多些，分配到每层各质点上的质量为：边质点 17 t（1、2 层）、16.3 t（3～7 层）、13.3 t（8 层）；中间质点 25 t（1、2 层）、24.4 t（4～7 层）、21 t（8 层）。

采用平面结构弹塑性地震响应分析软件 NDAS2D，输入以上的数值，计算结构的前三阶自振周期和振型如图 4.6-3 所示。

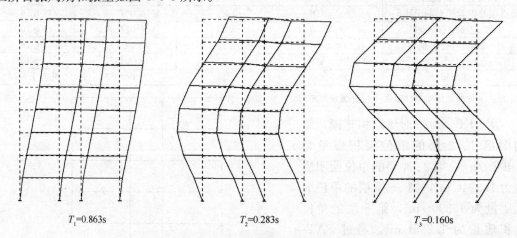

T_1=0.863s　　　　　T_2=0.283s　　　　　T_3=0.160s

图 4.6-3　结构平面模型的前三阶自振周期和振型

按照梁板自重及可能有半楼层高的隔墙重量估算梁上的均布荷载，柱上荷载由该节点质量减去相邻梁上荷载确定，具体数值见下面的 NDAS2D 的输入数据文件。

再用 PKPM 通过梁平法画出梁结构施工图，得到结构平面图中④轴处一榀框架的梁配筋量如图 4.6-4 所示。

使用 CRSC 软件计算，得到④轴处一榀框架中的 T 形柱配筋均为 12 ⊕ 16；第 1、2 层的十字形柱配筋为 12 ⊕ 16；第 3、4 层的十字形柱配筋为 12 ⊕ 16；第 5 层及以上的十字形柱

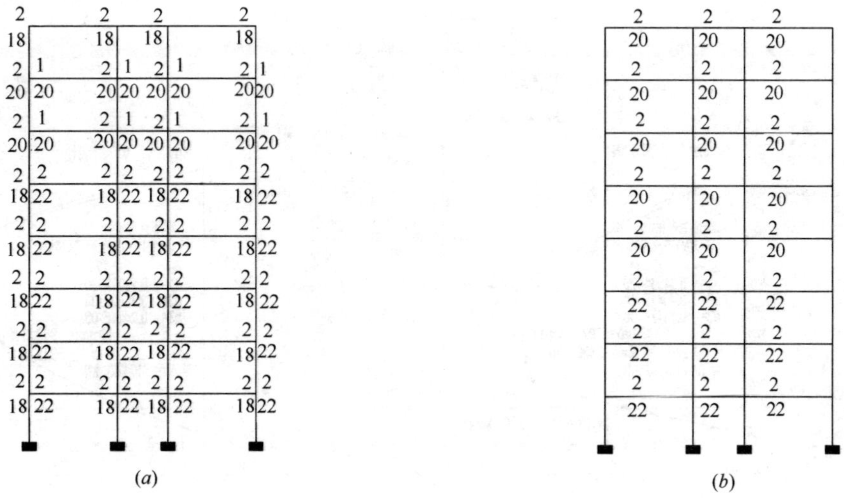

图 4.6-4　模型的 PKPM 梁配筋量

（a）梁上筋；（b）梁下筋

注：梁上面的数字表示钢筋数，下面的数字表示钢筋直径。

配筋为 12 Φ 14。首层十字形柱框架节点最大剪力 716.1kN，按剪压比得出的受剪承载力为 1367.3kN，符合规程剪压比限制的要求。柱的截面尺寸及配筋形式如图 4.6-5 所示。

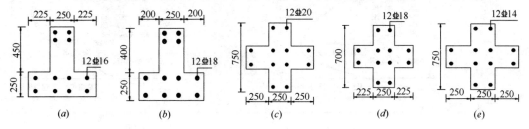

图 4.6-5　柱截面尺寸及配筋形式

（a）1、2 层 T 形柱；（b）3～8 层 T 形柱；（c）1、2 层十字形柱；（d）3、4 层十字形柱；（e）3～8 层十字形柱

4.6.3　弹塑性分析所需数据

将柱的尺寸及配筋信息输入到 MyN 软件中得到柱的 M_y-N 数据，再将 M_y-N 数据用多项式拟合后，得到表 4.6-5 中柱的屈服面特性数据。

异形柱截面屈服面特性（屈服面代码＝4）　　　　　　表 4.6-5

截　　面	配筋	系数 a	系数 b	系数 c	系数 d	系数 e	系数 f	系数 g	系数 h	受拉屈服力 P_{yt}(kN)
1、2 层 T 形柱	12Φ16	437.4	0.3453	−7.041E-5	3.147E-9	292.1	0.1909	7.392E-7	−2.454E-9	1042.3
3～8 层 T 形柱	12Φ16	399.3	0.3021	−6.762E-5	3.247E-9	276.4	0.1830	−3.090E-6	−2.426E-9	1042.3
1、2 层十字形柱	12Φ16	380.3	0.1366	−1.406E-5	−2.871E-10	380.3	0.1366	−1.406E-5	−2.871E-10	1042.3
3、4 层十字形柱	12Φ16	346.5	0.1290	−1.431E-5	−2.916E-10	346.5	0.1290	−1.431E-5	−2.916E-10	1042.3
5～8 层十字形柱	12Φ14	255.4	0.1386	−1.795E-5	−1.681E-10	255.4	0.1386	−1.795E-5	−1.681E-10	798.0

MyN 软件中得到柱的 N-M 屈服数据过程及结果如图 4.6-6 所示。

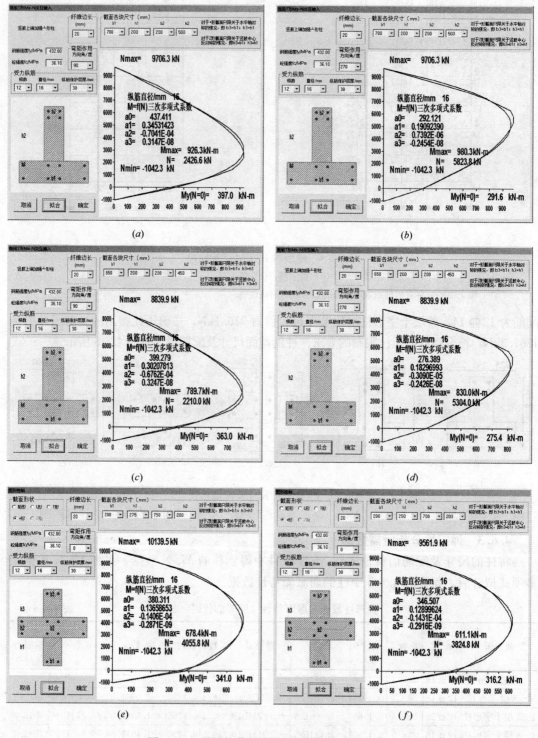

图 4.6-6　异形柱截面 *N-M* 屈服数据计算（一）

(*a*) 1、2 层 T 形柱 $\alpha = 90°$；(*b*) 1、2 层 T 形柱 $\alpha = 270°$；(*c*) 3～8 层 T 形柱 $\alpha = 90°$；

(*d*) 3～8 层 T 形柱 $\alpha = 270°$　(*e*) 1、2 层十字形柱 $\alpha = 0°$；(*f*) 3、4 层十字形柱 $\alpha = 0°$；

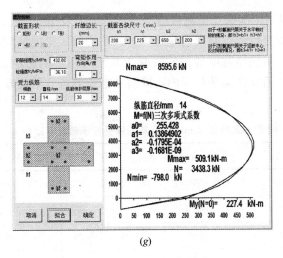

(g)

图 4.6-6　异形柱截面 *N-M* 屈服数据计算（二）

(g) 5～8 层十字形柱 $\alpha = 0°$

用 RCM 软件计算，其中材料强度取平均值，混凝土强度为 32N/mm²，梁筋强度为 432N/mm²，板筋强度为 327N/mm²。由最小配筋率 $0.45f_t/f_y = 0.45 \times 1.57/270 = 0.262\% > 0.2\%$。计算出单位宽度楼板配筋面积至少为：$0.262\% \times 1000 \times 110 = 288.2$ mm²/m。配筋 $\phi 8@170$，即板上筋、板下筋直径 8mm，间距 170mm。实配 296mm²/m。有效翼缘宽度内板上、下钢筋之和为 $2 \times 296 \times 110 \times 12/1000 = 781.4$ mm²，再将其转化为梁主筋相同强度，即为 $781.4 \times 270/360 = 586$mm²，它占最大梁负筋 1269mm² 的 46.2%、占最小梁负筋 509mm² 的 1.15%，为简单计，取所有梁负筋的 40% 放入梁侧板中。使用 RCM 软件计算模型 1 的梁及梁侧楼板抗弯承载力的过程见图 4.6-7。

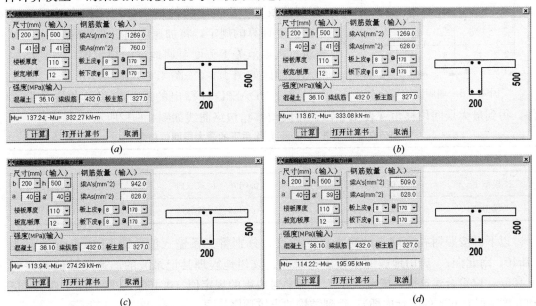

图 4.6-7　梁及梁侧楼板截面屈服弯矩计算

(a) 编号 1 截面；(b) 编号 3 截面；(c) 编号 5 截面；(d) 编号 7 截面

通过 RCM 软件得到全部梁及梁侧楼板抗弯承载力见表 4.6-6。

对结构分两种模型进行地震时程响应计算：其中模型 1 是把梁配筋全部放在梁肋截面内，同时考虑每侧各 6 倍板厚宽度楼板的混凝土及其内钢筋的影响；模型 2 是把 60% 的梁上筋以及全部的梁下筋放在梁肋截面内，同时考虑每侧各 6 倍板厚宽度楼板的混凝土及其内钢筋的影响。

不同梁端配筋量（mm²）及其梁端受弯承载力（kN·m）　　　表 4.6-6

编号	梁上筋/梁下筋	A'_s/A_s	M^+/M^-（模型 1）	$60\%A'_s/A_s$	M^+/M^-（模型 2）
1	2 ⏀ 22＋2 ⏀ 18/2 ⏀ 22	1269/760	137.24/−332.27	761.4/760	138.22/−241.86
3	2 ⏀ 22＋⏀ 18/2 ⏀ 20	1269/628	113.67/−333.08	761.4/628	114.22/−241.86
5	3 ⏀ 20/2 ⏀ 20	942/628	113.94/−274.29	565.2/628	114.22/−206.17
7	2 ⏀ 18/2 ⏀ 20	509/628	114.22/−195.95	305.4/760	114.22/−158.92

注：表中的 M^+/M^- 依次是用模型 1、2 计算出的结果。

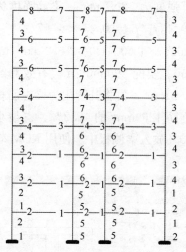

图 4.6-8　屈服面编号分布

输入平面结构弹塑性计算软件 NDAS2D，通过数据检查后，可显示杆端屈服面编号分布图（图 4.6-8），可检查输入数据正确与否。

4.6.4　弹塑性时程计算

本算例采用平面结构弹塑性地震响应分析软件 NDAS2D，分别输入 El Centro 地震波（1940，南北向）、唐山地震北京饭店记录波、汶川地震理县记录波。按《高层建筑混凝土结构技术规程》第 4.3.1 条（强制性条文）乙类建筑的地震作用应按本地区抗震设防烈度计算的规定，将加速度幅值调整到 0.4g，即建筑抗震规范关于 7 度罕遇地震的规定值。得到结构的出铰顺序如图 4.6-9～图 4.6-11 所示。

通过 NDAS2D 计算出的层间位移角曲线数据文件，得到最大层间位移角（表 4.6-7），层间位移角包络曲线如图 4.6-12 所示。

两模型在三地震波（400gal）作用下的最大层间位移角　　　表 4.6-7

地震波	El Centro 波	北京波	理县波
模型 1	0.01012（1/98.8）	0.0175（1/57.3）	0.00897（1/111）
模型 2	0.00831（1/120）	0.0149（1/67.1）	0.00715（1/140）

以下再按照谢礼立院士的更严格的建议，分别将三条输入波，即 El Centro 地震波（1940，南北向）、唐山地震北京饭店记录波、汶川地震理县记录波的加速度幅值调整到 0.466g，以符合建筑抗震规范关于 7.3 度罕遇地震的规定值（0.466g 是取 7 度罕遇 0.40g 和 8 度罕遇 0.62g 的线性内插）。得到结构的出铰顺序如图 4.6-13～图 4.6-15 所示。

通过 NDAS2D 计算出的层间位移角曲线数据文件，得到层间位移角包络曲线如图 4.6-16 所示。

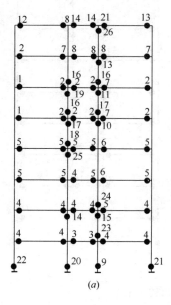
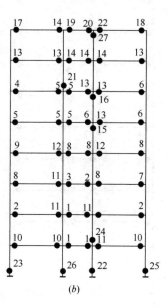

图 4.6-9　幅值 400gal El Centro 波作用下各模型出铰顺序

(a) 模型 1；(b) 模型 2

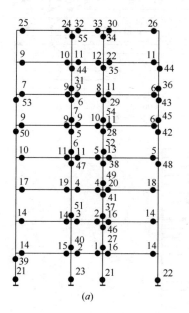
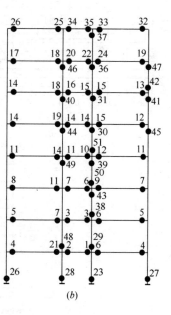

图 4.6-10　幅值 400gal 北京波作用下各模型出铰顺序

(a) 模型 1；(b) 模型 2

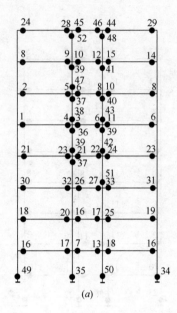
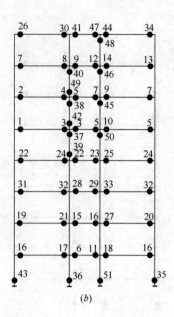

图 4.6-11 幅值 400gal 理县波作用下各模型出铰顺序

(a) 模型 1；(b) 模型 2

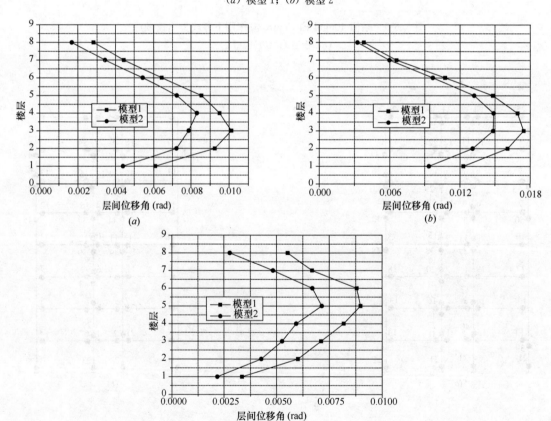

图 4.6-12 各模型的层间位移角包络曲线

(a) 幅值 400gal El Centro 波作用下；(b) 幅值 400gal 北京波作用下；(c) 幅值 400gal 理县波作用下

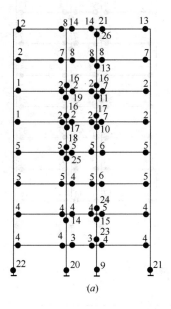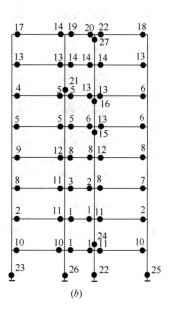

图 4.6-13　幅值 466gal El Centro 波作用下各模型出铰顺序

（a）模型 1；（b）模型 2

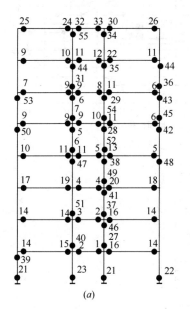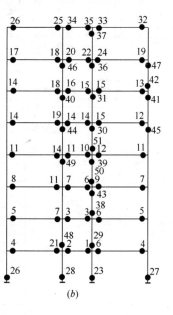

图 4.6-14　幅值 466gal 北京波作用下各模型出铰顺序

（a）模型 1；（b）模型 2

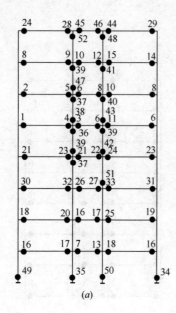

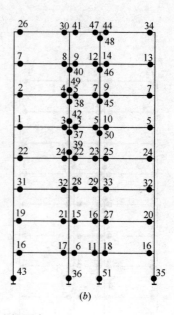

图 4.6-15　幅值 466gal 理县波作用下各模型出铰顺序

(a) 模型 1；(b) 模型 2

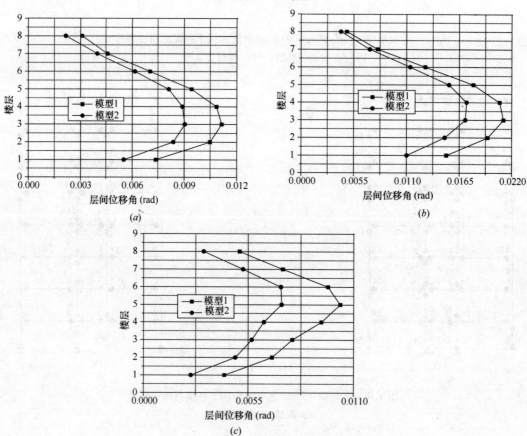

图 4.6-16　各模型的层间位移角包络曲线

(a) 幅值 466gal El Centro 波作用下；(b) 幅值 466gal 北京波作用下；(c) 幅值 466gal 理县波作用下

地震波	El Centro 波	北京波	理县波
模型 1	0.01116（1/89.6）	0.02114（1/47.3）	0.01031（1/97）
模型 2	0.00903（1/111）	0.01727（1/57.9）	0.00724（1/138）

两模型在三地震波作用下的最大层间位移角　　表 4.6-8

4.6.5　结果分析

比较两种模型塑性铰出现的顺序与位置可以发现，在 8.3 度（0.466g）地震作用下，两种模型第一层柱根处分别有柱铰出现，塑性铰的出现都相对较晚。且模型 1 的柱铰先于模型 2 出现。各模型的层间位移角最大值见表 4.6-8。比较两种模型的层间位移角，可以看出，7 度（0.10g）8 层结构在相应的地震作用下的塑性铰的出现情况和位移角都较为理想。异形柱结构技术规程规定 7 度（0.10g）区框架结构最大适用房屋为 7 层房屋，7 度（0.15g）区框架结构最大适用房屋为 6 层房屋，通过上面算例，本书认为在不高于 7 度（0.15g）地震设防区建造乙类房屋是可行的。

附：NDAS2D 输入数据文件

异形柱算例 \ PKPM 修改王 \ 乙 400gal \ 400 乙 8C40

36，2

COOR

1， 0， 0， 0

2，5.4， 0， 0

3，8.4， 0， 0

4，13.8， 0， 0

5， 0， 3.0，4

33， 0，24.0， 0

0/

stor

1，3，8，1，4

0/

0/

NQDP

1，333，1

6，211，1

36，211，0

5，111，4

33，111，0

0/

MAST

6，8，1，5

0/

stor

6，2，7，1，4

0/

0/

SORT

0

MASS

5, 9, 4, 17, 17, 0

6, 10, 4, 25, 25, 0

7, 11, 4, 25, 25, 0

8, 12, 4, 17, 17, 0

13, 29, 4, 16.3, 16.3, 0

14, 30, 4, 24.4, 24.4, 0

15, 31, 4, 24.4, 24.4, 0

16, 32, 4, 16.3, 16.3, 0

33, 36, 3, 13.3, 13.3, 0

34, 35, 1, 21, 21, 0

0/

ELEM

2 ! C35

1, 3.25e7, 0.05, 0.24, 9.243e$-$3, 4, 4, 2, 0, 0.2 ! T700 $*$ 200

2, 3.25e7, 0.05, 0.26, 7.398e$-$3, 4, 4, 2, 0, 0.2 ! $+$750 $*$ 200

3, 3.25e7, 0.05, 0.24, 5.717e$-$3, 4, 4, 2, 0, 0.2 ! $+$700 $*$ 200

4, 3.25e7, 0.05, 0.22, 7.569e$-$3, 4, 4, 2, 0, 0.2 ! T650 $*$ 200

5, 3.25e7, 0.05, 0.22, 4.877e$-$3, 4, 4, 2, 0, 0.2 ! $+$650 $*$ 200

0/

0/

1, 4, 437.4, 0.3453, $-$7.041e$-$5, 3.147e$-$9, 292.1, 0.1909, 7.392e$-$7, $-$2.454e$-$9, $-$1042.3 ! T700d16

2, 4, 292.1, 0.1909, 7.392e$-$7, $-$2.454e$-$9, 437.4, 0.3453, $-$7.041e$-$5, 3.147e$-$9, $-$1042.3 ! T700d16

3, 4, 399.3, 0.3021, $-$6.762e$-$5, 3.247e$-$9, 276.4, 0.1830, $-$3.090e$-$5, $-$2.426e$-$9, $-$1042.3 ! T650d16

4, 4, 276.4, 0.1830, $-$3.090e$-$5, $-$2.426e$-$9, 399.3, 0.3021, $-$6.762e$-$5, 3.247e$-$9, $-$1042.3 ! T650d16

5, 4, 380.3, 0.1366, $-$1.406e$-$5, $-$2.871e$-$10, 380.3, 0.1366, $-$1.406e$-$5, $-$2.871e$-$10, $-$1042.3 ! $+$750d16

6, 4, 346.5, 0.1290, $-$1.431e$-$5, $-$2.916e$-$10, 346.5, 0.1290, $-$1.431e$-$5, $-$2.916e$-$10, $-$1042.3 ! $+$700d16

7, 4, 255.4, 0.1386, $-$1.795e$-$5, $-$1.681e$-$10, 255.4, 0.1386, $-$1.795e$-$5, $-$1.681e$-$10, $-$798.0 ! $+$650d14

0/

0/

1, 1, 5, 4, 1, 0, 1, 2, 1, 0, 0, 0

3, 9, 13, 4, 4, 0, 3, 4, 1, 0, 0, 0

9, 2, 6, 4, 2, 0, 5, 5, 1, 0, 0, 0

11, 10, 14, 4, 3, 0, 6, 6, 1, 0, 0, 0

13, 18, 22, 4, 5, 0, 7, 7, 1, 0, 0, 0
17, 3, 7, 4, 2, 0, 5, 5, 1, 0, 0, 0
19, 11, 15, 4, 3, 0, 6, 6, 1, 0, 0, 0
21, 19, 23, 4, 5, 0, 7, 7, 1, 0, 0, 0
25, 4, 8, 4, 1, 0, 2, 1, 1, 0, 0, 0
27, 12, 16, 4, 4, 0, 4, 3, 1, 0, 0, 0
32, 32, 36, 0, 4, 0, 4, 3, 1, 0, 0, 0
0/
5
1, 3.25e7, 0.05, 0.2, 4.167e−3, 4, 4, 2, 0, 0
0/
1, 0.329, −0.25, 0, 0
2, 0.25, −0.25, 0, 0
3, 0.25, −0.329, 0, 0
4, 0.329, −0.225, 0, 0
5, 0.225, −0.225, 0, 0
6, 0.225, −0.329, 0, 0
7, 0.292, −0.200, 0, 0
8, 0.200, −0.200, 0, 0
9, 0.200, −0.292, 0, 0
0/
1, 137.24, −332.27 ! 2d22+2d18/2d22
2, 332.27, −137.24
3, 113.67, −333.08 ! 2d22+2d18/2d20
4, 333.08, −113.67
5, 113.94, −274.29 ! 3d20/2d20
6, 274.29, −113.94
7, 114.22, −195.95 ! 2d18/2d20
8, 195.95, −114.22
0/
0/
1, 5, 6, 4, 1, 1, 2, 1, 1, 0, 0, 0
3, 13, 14, 0, 1, 4, 2, 1, 1, 0, 0, 0
4, 17, 18, 4, 1, 4, 4, 3, 1, 0, 0, 0
6, 25, 26, 4, 1, 7, 6, 5, 1, 0, 0, 0
8, 33, 34, 0, 1, 7, 8, 7, 1, 0, 0, 0
9, 6, 7, 4, 1, 2, 2, 1, 1, 0, 0, 0
11, 14, 15, 0, 1, 5, 2, 1, 1, 0, 0, 0
12, 18, 19, 4, 1, 5, 4, 3, 1, 0, 0, 0
14, 26, 27, 4, 1, 8, 6, 5, 1, 0, 0, 0
16, 34, 35, 0, 1, 8, 8, 7, 1, 0, 0, 0
17, 7, 8, 4, 1, 3, 2, 1, 1, 0, 0, 0
19, 15, 16, 4, 1, 6, 2, 1, 1, 0, 0, 0

```
20, 19, 20, 4, 1, 6, 4, 3, 1, 0, 0, 0
22, 27, 28, 4, 1, 9, 6, 5, 1, 0, 0, 0
24, 35, 36, 0, 1, 9, 8, 7, 1, 0, 0, 0
0/
LOAD
2
0
5, 29, 4, 0, −100, 0
6, 30, 4, 0, −140, 0
7, 31, 4, 0, −140, 0
8, 32, 4, 0, −100, 0
34, 35, 1, 0, −120, 0
33, 36, 3, 0, −85, 0
0/
2
2, 1, 7, 1, −25, 5.4
2, 8, 8, 1, −20, 5.4
2, 9, 15, 1, −25, 3.0
2, 16, 16, 1, −20, 3.0
2, 17, 23, 1, −25, 5.4
2, 24, 24, 1, −20, 5.4
0/
1, 1
0/
MAXX
100
EIGE
6, 0.0001
DAMP
0.548169, 0, 0.33924e−02
EQRA
1, 1850, −1850, 0.02, 0.0117059, 0, 0 ! 1.170342 * 341.7805＝400 G
EQAX elct−n＝s
    12.540, 10.823, 10.117, 8.827, 9.515, 12.027, 14.227, 12.821
```

4.7 小 结

　　本书算例建筑平面、立面均十分规则，且中柱（两侧有梁的柱）为十字形柱，而十字形柱在几种允许采用的异形截面柱中，其上部梁柱节点受剪承载力是最高的，所以，书中低烈度设防各算例房屋高度的制约因素是柱轴压比限值。实际工程中很多中部柱多采用 L 形、Z 形或 T 形截面柱，这时，制约房屋高度的因素除了轴压比限值外，主要还可能是梁柱节点核心区的剪压比限值。书中高烈度（8.5 度）设防的异形柱结构算例节点剪力、柱轴压比均不控制房屋层数，是为保证抗震安全可靠性，规程规定由弹塑性时程分析结果确定的。

另外，从各算例的柱纵筋直径上看，算例中十字形、T形截面柱所配纵筋直径不是很粗，即离异形柱规程规定的纵筋最大直径25mm相差较远，但高烈度设计的算例中角部L形柱纵筋有达到25mm的现象，其他算例L形角柱的配筋直径也比其他柱纵筋直径不小或略大。这与规程条文说明对几种异形截面柱特性，L形柱受力性能最差的分析一致。因此，建议工程设计时，尽可能多用十字形、T形截面柱，少用L形和Z形截面柱。

异形柱结构技术规程还规定处于一类环境且混凝土强度等级不低于C40时，异形柱的混凝土保护层最小厚度可减小5mm，但纵向受力钢筋的保护层厚度不应小于其直径。即当混凝土强度等级为C40时，异形柱纵筋保护层厚度可取为25mm，本书中几个算例混凝土强度等级是C40的，纵筋保护层厚度取值是30mm，如按规程取值，计算结果显示的抗震性能会好于书中结果。

我们从汶川地震中钢筋混凝土框架结构的震害，无与框架梁整体浇筑的钢筋混凝土楼板的框架结构能够实现理想的梁端出现塑性铰的破坏机制，而有与框架梁整体浇筑的钢筋混凝土楼板的框架结构则几乎全是柱铰破坏机制。由此从设计规定和设计操作上找出原因，第1方面是强柱弱梁内力调整系数偏小，由此，在规范中提高了该系数值；第2方面是设计时为考虑与框架梁整体浇筑的钢筋混凝土楼板对结构整体刚度影响，采取将框架梁乘放大系数的方法，造成梁配筋中包含了楼板刚度引起梁配筋增大，但画施工图时将这些配筋全部放置在矩形梁肋内，梁侧楼板又另行配筋，造成梁强于柱（梁抗弯能力大于柱抗弯能力）震害的发生。于是，我们提出将梁端部分负弯矩钢筋放置在梁侧楼板的主张[5]。

本书各算例的模型2就是将梁端部分负弯矩钢筋放置在梁侧楼板主张的数字模拟，从其结果与现在设计通常做法，即梁配筋中包含了楼板刚度引起梁配筋增大，将这些配筋全部放置在矩形梁肋内，梁侧楼板又另行配筋（本书算例中的模型1）计算结果比较，可见模型2的计算结果更接近理想的强柱弱梁破坏模式。其实书中模型2的做法是简化了的办法，就是取二级抗震等级的30%、三、四级抗震等级的40%框架梁端负钢筋放置在梁侧楼板，如果根据各楼层楼板内配筋量确定框架梁端负钢筋的减小量，则会达到无楼板框架结构的接近理想的效果，即遇强震时梁端出铰、柱端不出铰。由此，建议设计中先确定楼板的钢筋，然后再确定框架梁的钢筋量。也就是在计算机软件中颠倒下楼板和框架梁的配筋次序，再在梁端上部钢筋中减去有效宽度翼缘宽楼板内钢筋的量。此建议对普通矩形柱框架结构也适用，对框架剪力墙结构中框架梁铰出现早于柱铰有一定效果，但都能起到节省钢筋和减少钢筋拥挤、方便施工的作用。

本章参考文献

[1] 混凝土异形柱结构技术规程征求意见稿，2012，国家工程建设标准化信息网，http：//www.risn. org. cn/

[2] 王依群. 钢筋混凝土框架柱配筋软件CRSC用户手册及编制原理(2011版)，2011.

[3] 王依群. 平面结构弹塑性地震响应分析软件NDAS2D及其应用[M]. 北京：中国水利水电出版社，2006.

[4] 王依群. 混凝土结构设计计算算例(第3版)[M]. 北京：中国建筑工业出版社，2016年6月.

[5] 王依群，韩鹏，韩昀珈. 梁钢筋部分移置梁侧楼板的现浇混凝土框架抗震性能研究[J]. 土木工程学报，2012，45(8)：55-66.

[6] 建筑工程抗震设防分类标准 GB 50223—2008[S]. 北京：中国建筑工业出版社，2008.

[7] 谢礼立，马玉宏，翟长海. 基于性态的抗震设防与设计地震动[M]. 北京：科学出版社，2009.

第5章 异形柱结构隔震研究

以第4章的6层异形柱框架结构为例，假设其坐落在8度（0.20g）地震设防区，高度超过12m限值，且梁柱节点剪力达不到规程受剪承载力要求，故采取底部隔震方法进行设计。

在7度地震设防区，为了利用异形柱结构的优点，且克服其可建层数较少的缺点，十几年前就有学者[1]开展了将异形柱结构与隔震装置结合起来的工作，进行了多层异形柱框架结构隔震性能的振动台试验研究，并于1996年在广州市建成了一栋7度抗震设防的实体建筑。

隔震建筑设计依据见国家建筑设计标准《建筑抗震设计规范》GB 50011—2010和中国工程建设标准化协会标准《叠层橡胶隔震支座隔震技术规程》。

5.1 结构数据及计算模型

房屋位于8度（0.20g）区，Ⅱ类场地，地震分组为第二组，共6层，层高均为3m。结构平面见图4.3-1。算例中的柱均为等肢截面，其肢截面尺寸见表4.3-1。梁柱和楼板的混凝土强度等级为C40；梁柱纵筋均采用HRB400，箍筋和楼板钢筋采用HPB300，纵筋保护层厚度取为30mm。屋面、楼面为现浇板，板厚为110mm，板钢筋保护层厚度为15mm。PKPM计算时取周期折减系数为0.7。

结构平面图见本书4.3节。未隔震结构和隔震结构立面图如图5.1-1所示。

由第4章第3节知，各楼层的重力荷载代表值为：76t（1层）、82.4t（2～5层）、78t

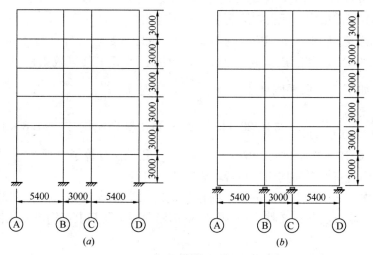

图 5.1-1 未隔震结构和隔震结构立面图

（a）未隔震结构；（b）隔震结构

（6 层）。隔震需要增加 0 层楼板（板厚取 160mm）和为形成整体作用的 0 层梁（截面尺寸取 600mm×600mm），再考虑其上 50％的活荷载、由此可计算出隔震结构模型隔震垫上 0 层的重力荷载代表值为：94t。于是上部结构模型传给隔震层的总重力荷载代表值为：$G = 94 + 76 + 4 \times 82.4 + 78 = 577.6$t。

已按比 8 度降低 1 度，即按 7 度小震弹性设计好，如第 4 章第 3 节所示。现假设其坐落在 8 度区，采取隔震设计，看设计后，其能否满足规范要求（表 5.1-1）。

隔震支座性能参数　　　　　　　　　　　　　　　　表 5.1-1

型号	支座总高 (m)	橡胶总厚 (m)	设计压应力 (MPa)	设计承载力 (kN)	竖向刚度 (kN/mm)	等效水平刚度 (kN/m)		等效阻尼比	
						$\gamma = 100\%$	$\gamma = 250\%$	$\gamma = 100\%$	$\gamma = 250\%$
GZY500-V4A	0.194	0.093	15	2829	1800	1620	948	0.26	0.15
GZY600-V4A	0.225	0.105	15	4241	2900	2110	1266	0.255	0.15

注：文献［2］未提供 GZY600-V4A 在 $\gamma = 250\%$ 时的等效水平刚度，这里按其他型号隔震支座的规律取 0.6 倍 $\gamma = 100\%$ 的等效水平刚度。

隔震设计时，隔震支座的压力设计值由隔震层上部结构的总重力荷载代表值＋竖向地震作用组成。其中竖向地震作用标准值按建筑抗震设计规范第 12.2.1 条（强制性条文）取 $F_{Evk} = 0.2G$，G 为隔震层以上结构的总重力荷载代表值。即隔震支座的压力设计值取 $1.2G$。

5.2　隔 震 方 案 一

平面模型有 4 根柱，每根柱下设置一个隔震支座，则其受到的压力设计值为 $1.2G/4 = 1.2 \times 577.6 \times 9.81/4 = 1700$kN，压应力为 $1700000/(3.1416 \times 500 \times 500/4) = 1700000/196350 = 8.66$MPa。查文献［2］第 247 页附表 B.2，框架每柱脚下可选用 1 个 GZY500-V4A 型号的隔震垫，性能参数见表 5-1。因 NDAS2D 软件目前还没有橡胶垫隔震器单元，本节采用梁柱单元模拟隔震垫。根据建筑抗震规范第 12.2.5 条，计算水平向减震系数宜按隔震支座水平剪切应变为 100％时的性能参数进行计算的规定，$\gamma = 100\%$ 时的水平刚度 1620kN/m 和隔震垫高度 $H_b = 0.194$m，计算出其等效梁柱单元的输入参数 E、I、A 过程如下：由水平刚度 $1620 = \dfrac{12EI}{h^3}$，于是 $I = \dfrac{\pi d^4}{64} = \dfrac{\pi}{64} \times 0.5^4 = 0.003068$m^4。

$E = \dfrac{1620h^3}{12I} = \dfrac{1620 \times 0.194^3}{12 \times 0.003068} = 321.28$（kN/m^2）；再由竖向刚度 $\dfrac{EA}{h} = 1.8 \times 10^6$ kN/m，得 $A = 1.8 \times 10^6 \times 0.194/321.28 = 1087$m^2。文献［3］用该法计算了文献［2］中的算例，隔震和非隔震结构的自振周期均相当吻合，表明该法可行。

计算中考虑了非比例阻尼的情况，即橡胶垫的阻尼比取为 0.15，上部结构阻尼比取为 0.05。具体实施方法参见文献［4］第 22 章钢筋混凝土及其上部钢塔非比例阻尼的处理办法。

隔震垫上设 C40 钢筋混凝土的地梁，截面尺寸 600mm×600mm，正负屈服弯矩取为 600kN·m。

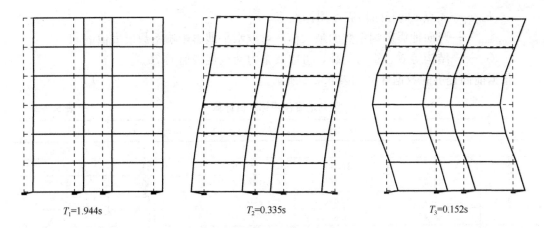

$T_1=1.944\text{s}$ $T_2=0.335\text{s}$ $T_3=0.152\text{s}$

图 5.2-1 隔震模型的自振周期与振型

隔震模型的前三阶自振周期与振型见图 5.2-1。为了确定隔震后的上部结构抗震措施采用的标准，根据《建筑抗震设计规范》GB 50011—2010 第 12.2.5 条计算水平向减震系数 β，采用弹性反应谱法，按照 $\gamma=100\%$ 时的性能参数进行计算。其中为了简化，反应谱法中只采用了一个振型计算，结果见表 5.2-1。

水平向减震系数 β 的计算 表 5.2-1

楼层	非隔震剪力（kN）	隔震剪力（kN）	剪力比值	隔震剪力（kN）	剪力比值
	第一振型阻尼比 0.05	第一振型阻尼比 0.05		第一振型阻尼比 0.26	
6	116	31	0.267	21.4	0.184
5	230	64	0.278	44.4	0.193
4	330	96	0.291	66	0.200
3	396	126	0.318	88	0.222
2	438	156	0.356	108	0.247
1	440	184	0.418	128	0.291
最大值			0.418		0.291

由于隔震支座水平剪切应变 $\gamma=100\%$ 时，隔震支座的阻尼比为 0.26，结构第一振型振动时变形基本是隔震支座的位移，所以第一振型阻尼比取隔震支座的阻尼比较为合理，即取水平减震系数 $\beta=0.291$，从表 5.2-1 可见其与阻尼比取 0.05 的结果相差很大。

按照建筑抗震设计规范第 12.2.5-4 条，当水平减震系数不大于 0.3 时，隔震层以上的结构应进行竖向地震作用计算。隔震层以上结构竖向地震作用标准值计算时，各楼层可视为质点，并按建筑抗震设计规范公式（5.3.1-2）计算竖向地震作用标准值沿高度的分布。

建筑抗震设计规范公式（5.3.1-2）如下：

$$F_{vi} = \frac{G_i H_i}{\Sigma G_j H_j} F_{\text{Evk}}$$

$$F_{\text{Evk}} = \alpha_{\text{vmax}} G_{\text{eq}}$$

式中 F_{Evk}——结构总竖向地震作用标准值；

F_{vi}——质点 i 的竖向地震作用标准值；

α_{vmax}——竖向地震影响系数的最大值，可取水平地震影响系数最大值的 65%；

G_{eq}——结构等效总重力荷载，可取其重力荷载代表值的 75%。

依据前面提供的数据计算如表 5.2-2 所示。

竖向地震作用标准值计算 表 5.2-2

楼层分项	G_i (t)	H_i (m)	$G_i H_i$ (kN·m)	$G_i H_i / \sum G_j H_j$	F_{vi} (t)
6	78	18.8	1466.4	0.264	66.9
5	82.4	15.8	1301.9	0.234	59.3
4	82.4	12.8	1054.7	0.190	48.1
3	82.4	9.8	807.5	0.145	36.7
2	82.4	6.8	568.6	0.102	25.8
1	76	3.8	288.8	0.052	13.2
0	94	0.8	75.2	0.014	3.5
$\sum$	577.6		5563.1		253.5

由表中可见，顶层质点的竖向地震作用标准值 $F_{vi}=66.9$t 最大，但它还是小于顶层的重力标准值 78t，就是说 F_{vi} 向上时，也不会在顶层柱中产生拉力。如果 F_{vi} 向下作用，每个隔震支座受到的压力为 $(577.6+253.5)/4=208$t，压应力为 $208\times1000\times9.81/196350=10.39$MPa，均满足隔震支座的承载能力。$F_{vi}$ 向下作用时，结构底层柱由承担 577.6t 改为承担 577.6t+253.5t，相当于增加 44%，由第 4 章第 3 节知底层十字形柱最大轴压比为 0.35，估计现在考虑 F_{vi} 会增加到 $0.35\times1.44=0.5$，仍满足异形柱规程对二级抗震设防的轴压比要求，更满足异形柱规程对三级抗震设防的轴压比要求。

按以上分析，可以认为以上隔震结构满足抗震规范考虑竖向地震作用的要求。

罕遇地震作用下橡胶垫已进入弹塑性状态，为简单计，依照文献的做法，用等效弹性刚度代表。

按照建筑抗震设计规范第 12.2.4 条，对罕遇地震验算，宜采用剪切变形 250% 时的等效刚度和等效阻尼比。依照前面做法，计算其等效梁柱单元的输入参数 E、I、A 过程如下：由水平刚度 $948=\dfrac{12EI}{h^3}$，于是 $E=\dfrac{948h^3}{12I}=\dfrac{948\times0.194^3}{12\times0.003068}=188.01$kN/m²；再由竖向

刚度 $\dfrac{EA}{h}=1.8\times10^6$kN/m，得 $A=1.8\times10^6\times0.194/188.01=1857.3$m²。结构自振周期为：$T_1=3.308$s、$T_2=0.343$s。

对隔震结构模型基底输入地震波（加速度幅值调整到 400gal），分别输入了三条地震波（El Centro 波、唐山地震北京饭店波、汶川地震理县波），每条波作用均未在结构上产生塑性铰，就是除了隔震支座外，结构始终处于弹性状态。这点从各地震波作用下隔震模型位移最大值（图 5.2-2）中也可看出，即可看出

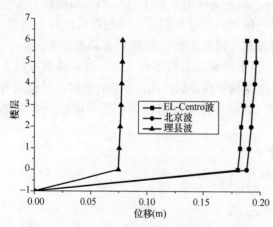

图 5.2-2 各地震波作用下隔震模型位移最大值

上部结构楼层相对位移很小。

水平位移验算：

三条波作用下，隔震支座水平位移见表 5.2-3。

隔震支座水平位移（m） 表 5.2-3

地震波	El Centro 波	北京波	理县波
隔震支座水平位移	0.188	0.196	0.0784

本工程隔震层以上结构的质心与隔震层刚度中心在两个主轴方向均无偏心，对边支座位移乘以放大系数 1.15，由此最大位移为：

$$u_i = 1.15 \times 0.196 = 0.225\text{m}$$

隔震支座的水平位移限值为支座有效直径的 0.55 倍和支座内部橡胶总厚度 3.0 倍二者的较小值，由此 GZY500 的水平位移限值为：

$$[u_i] = 0.275\text{m}$$

于是：

$$u_i < [u_i]$$

故支座变形满足要求。

5.3 隔 震 方 案 二

如果觉得考虑竖向地震作用麻烦，可改用等效刚度较大些的隔震支座。平面模型有 4 根柱，每柱下设置一个隔震支座，则其受到的压力设计值为 $1.2G/4 = 1.2 \times 577.6 \times 9.81/4 = 1700\text{kN}$，压应力为 $1700000/(3.1416 \times 500 \times 500/4) = 1700000/196350 = 8.66\text{MPa}$。查文献［2］第 247 页附表 B.2，框架每柱脚下可选用 1 个 GZY600-V4A 型号的隔震垫，性能参数见表 5-1。因 NDAS2D 软件目前还没有橡胶垫隔震器单元，本节采用梁柱单元模拟隔震垫。根据建筑抗震规范第 12.2.5 条，计算水平向减震系数宜按隔震支座水平剪切应变为 100% 时的性能参数进行计算的规定，$\gamma = 100\%$ 时的水平刚度 2110kN/m 和隔震垫高度 $H_b = 0.225\text{m}$，计算出其等效梁柱单元的输入参数 E、I、A 过程如下：由水平刚度 $2110 = \dfrac{12EI}{h^3}$，于是 $I = \dfrac{\pi d^4}{64} = \dfrac{\pi}{64} \times 0.6^4 = 0.006362\text{m}^4$。$E = \dfrac{2110h^3}{12I} = \dfrac{2110 \times 0.225^3}{12 \times 0.006362} = 314.81$（kN/m²）；再由竖向刚度 $\dfrac{EA}{h} = 2.9 \times 10^6\text{kN/m}$，得 $A = 2.9 \times 10^6 \times 0.225/314.81 = 2073\text{m}^2$。

计算中考虑了非比例阻尼的情况，即橡胶垫的阻尼比取为 0.15，上部结构阻尼比取为 0.05。具体实施方法参见文献［4］第 22 章钢筋混凝土及其上部钢塔非比例阻尼的处理办法。

隔震垫上设 C40 钢筋混凝土的地梁，截面尺寸 600mm×600mm，正负屈服弯矩取为 600kN·m。

隔震模型的前三阶自振周期与振型见图 5.3-1。为了确定隔震后的上部结构抗震措施采用的标准，根据《建筑抗震设计规范》GB 50011—2010 第 12.2.5 条计算水平向减震系数 β，采用弹性反应谱法，按照 $\gamma=100\%$ 时的性能参数进行计算。其中为了简化，反应谱法中只采用了一个振型计算，结果见表 5.3-1。

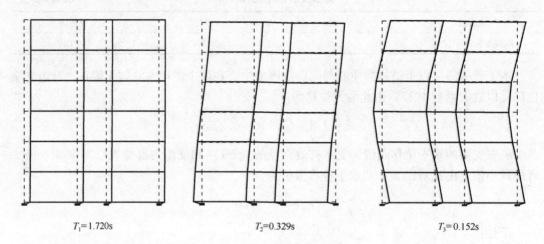

$T_1=1.720\text{s}$ $T_2=0.329\text{s}$ $T_3=0.152\text{s}$

图 5.3-1　隔震模型的自振周期与振型

水平向减震系数 β 的计算　　　　　　　　　　　　　　　　　　表 5.3-1

楼层	非隔震剪力（kN）	隔震剪力（kN）	剪力比值
	第一振型阻尼比 0.05	第一振型阻尼比 0.255	
6	116	24	0.207
5	230	48	0.209
4	330	74	0.224
3	396	98	0.247
2	438	120	0.274
1	440	138	0.314
最大值			0.314

由于隔震支座水平剪切应变 $\gamma=100\%$ 时，隔震支座的阻尼比为 0.255，结构第一振型振动时变形基本是隔震支座的位移，所以第一振型阻尼比取隔震支座的阻尼比较为合理，即取水平减震系数 $\beta=0.314$。

按照《建筑抗震设计规范》第 12.2.5-4 条，当水平减震系数大于 0.3 时，隔震层以上的结构可不进行竖向地震作用验算。

罕遇地震作用下橡胶垫已进入弹塑性状态，为简单计，依照文献的做法，用等效弹性刚度代表。计算出其等效梁柱单元的输入参数 E、I、A 过程如下：由 $\gamma=250\%$ 时的水平刚度 $1266=\dfrac{12EI}{h^3}$，于是 $I=\dfrac{\pi d^4}{64}=\dfrac{\pi}{64}\times 0.6^4=0.006362\text{m}^4$。$E=\dfrac{1266h^3}{12I}=\dfrac{1266\times 0.225^3}{12\times 0.006362}=$

188.89（kN/m²）；再由竖向刚度 $\dfrac{EA}{h}=2.9\times10^6\,\text{kN/m}$，得 $A=2.9\times10^6\times0.225/188.89$ $=3455\text{m}^2$。结构自振周期为：$T_1=3.105\text{s}$、$T_2=0.343\text{s}$。

对隔震结构模型基底输入地震波（加速度幅值调整到 400gal），分别输入了三条地震波（El Centro 波、唐山地震北京饭店波、汶川地震理县波），每条波作用均未在结构上产生塑性铰，就是除了隔震支座外，结构始终处于弹性状态。这点从各地震波作用下隔震模型位移最大值（图5.3-2）中也可看出，即可看出上部结构楼层相对位移很小，接近于零。

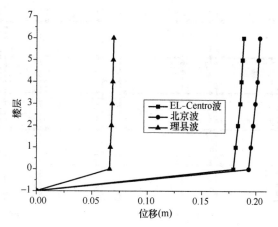

图 5.3-2　各地震波作用下隔震模型位移最大值

水平位移验算：

三条波作用下，隔震支座水平位移见表 5.3-2。

隔震支座水平位移（m）　　　　　　　　　　　　　　表 5.3-2

地震波	El Centro 波	北京波	理县波
隔震支座水平位移	0.188	0.203	0.0695

本工程隔震层以上结构的质心与隔震层刚度中心在两个主轴方向均无偏心，对边支座位移乘以放大系数 1.15，由此最大位移为：

$$u_i=1.15\times0.203=0.233\text{m}$$

隔震支座的水平位移限值为支座有效直径的 0.55 倍和支座内部橡胶总厚度 3.0 倍二者的较小值，由此 GZY600 的水平位移限值为：

$$[u_i]=0.315\text{m}$$

于是：

$$u_i<[u_i]$$

故支座变形满足要求。

按照《建筑抗震设计规范》第 12.2.7-2 条，当水平减震系数不大于 0.4 时，隔震层以上的结构可按降低 1 度采取抗震措施，但与抵抗竖向地震作用有关的抗震构造措施不应降低。即隔震层以上结构仍可按第 4 章 3 节小震设计结果配筋。

该结构如不采取隔震措施，用 2011 年 3 月 31 日版本的 PKPM 计算变形与内力，并使用 CRSC（其是按 2013 年新异形柱规程进行异形柱及其梁柱节点配筋），即将本书第 15章例题的抗震设防烈度由 7 度（0.15g）调整为 8 度（0.20g）、其他参数不变，计算结果是：Y 向最大层间位移角＝1/691、首层十字形柱最大轴压比为 0.37、T 形柱最大轴压比0.29、首层角柱纵筋超过最大配筋率，1～4 层共有 17 个梁柱节点剪压比不满足规程的要求。

如果对梁柱节点适当加强，例如采取节点区采取钢纤维混凝土或梁平面加腋等方法，使得该结构梁柱节点满足小震弹性设计要求，再进行罕遇地震弹塑性时程计算，即输入的地震加速度最大幅值调整到 400gal，计算结果显示如不采取隔震措施的结构塑性铰分布如

图 5.3-3 所示。

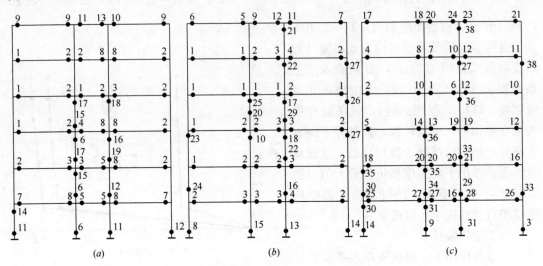

图 5.3-3 非隔震结构 8 度罕遇地震作用下塑性铰分布
(a) El Centro 波作用下；(b) 北京波作用下；(c) 理县波作用下

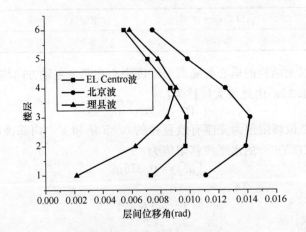

图 5.3-4 非隔震结构层间位移角

三条地震波作用下，模型的各层最大位移角见图 5.3-4，层间位移角最大值见表 5.3-3。

非隔震结构在三地震波作用下的最大层间位移角　　　　　　　　　表 5.3-3

地震波	El Centro 波	北京波	理县波
层间位移角	0.0097 (1/102)	0.0142 (1/71)	0.0091 (1/110)

可见，如不采取隔震，即使采取了梁柱节点加强措施，层间位移角接近规程的限值，塑性铰也出现很多。

5.4　小　　结

隔震后房屋自振周期变长，三种地震波中卓越周期较长的北京波作用下隔震层和上部结构楼层的位移反应最大，卓越周期略短些的 El Centro 波作用下反应中等，理县波作用下结构反应最小。这与前几章自振周期长（楼高）的结构三条地震波下的反应一致，因隔震后结构体系变为了长自振周期结构。越是近震区，采取隔震结构，减震越为有效。

通过本章算例表明，异形柱结构采取隔震方法，可以达到一般矩形柱结构隔震的效果，即比非隔震房屋增加楼层，且遇地震时，楼层层间位移角接近于零，主体结构不会进入塑性状态，当水平减震系数满足要求时，隔震层以上结构降低 1 度采取抗震措施，上部结构也不会损坏。可见，隔震的异形柱结构可用于提高地震设防的建筑，如甲或乙类建筑。

附：NDAS2D 输入数据文件

```
隔 20g6c40 GZY500-V4A，250％隔震方案 1
32，3
COOR
1，0，−0.235，0
2，5.4，−0.235，0
3，8.4，−0.235，0
4，13.8，−0.235，0
5，0，0，4
29，0，18，0
0/
stor
1，3，7，1，4
0/
0/
NQDP
1，333，1
 6，211，1
32，211，0
 5，111，4
29，111，0
0/
MAST
6，8，1，5
0/
stor
6，2，6，1，4
0/
0/
SORT
0
MASS
 5，8，3，19，19，0
 6，7，1，28，28，0
```

9, 12, 3, 15, 15, 0
10, 11, 1, 23, 23, 0
13, 16, 3, 17, 17, 0
14, 15, 1, 24.2, 24.2, 0
17, 25, 4, 17, 17, 0
18, 26, 4, 24.2, 24.2, 0
19, 27, 4, 24.2, 24.2, 0
20, 28, 4, 17, 17, 0
29, 32, 3, 16, 16, 0
30, 31, 1, 23, 23, 0
0/
EIGE
3, 0.0001
DAMP
0.51495, 0, 0.015133
DAMS
0.848845
5, 32, 1
0/
DAMK
0.0021541
1
1, 24, 1
0/
2
1, 21, 1
0/
0/
RDAM
0.15
ELEM
2! C40
1, 3.25e7, 0.05, 0.3125, 1.41e−2, 4, 4, 2, 0, 0.2! T750 * 250
2, 3.25e7, 0.05, 0.3125, 9.44e−3, 4, 4, 2, 0, 0.2! +750 * 250
3, 3.25e7, 0.05, 0.2875, 1.12e−2, 4, 4, 2, 0, 0.2! T700 * 250
4, 3.25e7, 0.05, 0.2875, 7.73e−3, 4, 4, 2, 0, 0.2! +700 * 250
0/
0/
1, 4, 702.7, 0.3267, −5.210e−5, 1.729e−9, 507.0, 0.2239, −7.411e−6, −1.151e−9, −
1628.6! T750d20
2, 4, 507.0, 0.2239, −7.411e−6, −1.151e−9, 702.7, 0.3267, −5.210e−5, 1.729e−9, −
1628.6! T750d20
3, 4, 572.5, 0.3600, −5.732e−5, 1.974e−9, 417.3, 0.2231, −5.937e−6, −1.296e−9, −

1319.2! T750d18

4, 4, 417.3, 0.2231, $-5.937e-6$, $-1.296e-9$, 572.5, 0.3600, $-5.732e-5$, 1.974e-9, $-$
1319.2! T750d18

3, 4, 526.3, 0.3162, $-5.396e-5$, 1.947e-9, 396.1, 0.2122, $-8.891e-6$, $-1.197e-9$, $-$
1319.2! T700d18

3, 4, 396.1, 0.2122, $-8.891e-6$, $-1.197e-9$, 526.3, 0.3162, $-5.396e-5$, 1.947e-9, $-$
1319.2! T700d18

7, 4, 543.3, 0.1384, $-1.275e-5$, 1.756e-10, 543.3, 0.1384, $-1.275e-5$, 1.756e-10, $-$
1628.6! +750d20

8, 4, 421.7, 0.1516, $-1.590e-5$, 7.927e-11, 421.7, 0.1516, $-1.590e-5$, 7.927e-11, $-$
1319.2! +700d18

0/

0/

 1, 5, 9, 0, 1, 0, 1, 2, 1, 0, 0, 0

 2, 9, 13, 0, 1, 0, 3, 4, 1, 0, 0, 0

 3, 13, 17, 4, 3, 0, 5, 6, 1, 0, 0, 0

 7, 6, 10, 4, 2, 0, 7, 7, 1, 0, 0, 0

 9, 14, 18, 4, 4, 0, 8, 8, 1, 0, 0, 0

13, 7, 11, 4, 2, 0, 7, 7, 1, 0, 0, 0

15, 15, 19, 4, 4, 0, 8, 8, 1, 0, 0, 0

19, 8, 12, 0, 1, 0, 2, 1, 1, 0, 0, 0

20, 12, 16, 0, 1, 0, 4, 3, 1, 0, 0, 0

21, 16, 20, 4, 3, 0, 6, 5, 1, 0, 0, 0

24, 28, 32, 0, 3, 0, 6, 5, 1, 0, 0, 0

0/

5

1, 3.25e7, 0.05, 0.25, 5.2e-3, 4, 4, 2, 0, 0

2, 3e7, 0.05, 0.36, 10.8e-3, 4, 4, 2, 0, 0

0/

1, 0.350, -0.250, 0, 0

2, 0.250, -0.250, 0, 0

3, 0.250, -0.350, 0, 0

4, 0.313, -0.225, 0, 0

5, 0.225, -0.225, 0, 0

6, 0.225, -0.313, 0, 0

0/

 1, 160.74, -466.67

 2, 466.67, -160.74

 3, 231.84, -470.75

 4, 470.75, -231.84

 5, 138.44, -385.90

 6, 385.90, -138.44

 7, 109.67, -313.88

```
  8, 313.88, −109.67
  9, 110.19, −240.14
 10, 240.14, −110.19
 11, 600, −600
 12, 600, −600
0/
0/
 1, 9, 10, 4, 1, 1, 2, 1, 1, 0, 0, 0
 3, 17, 18, 0, 1, 4, 2, 1, 1, 0, 0, 0
 4, 21, 22, 0, 1, 4, 6, 5, 1, 0, 0, 0
 5, 25, 26, 0, 1, 4, 8, 7, 1, 0, 0, 0
 6, 29, 30, 0, 1, 4, 10, 9, 1, 0, 0, 0
 7, 10, 11, 4, 1, 2, 4, 3, 1, 0, 0, 0
 9, 18, 19, 0, 1, 5, 4, 3, 1, 0, 0, 0
10, 22, 23, 0, 1, 5, 6, 5, 1, 0, 0, 0
11, 26, 27, 0, 1, 5, 8, 7, 1, 0, 0, 0
12, 30, 31, 0, 1, 5, 10, 9, 1, 0, 0, 0
13, 11, 12, 4, 1, 3, 2, 1, 1, 0, 0, 0
15, 19, 20, 0, 1, 6, 2, 1, 1, 0, 0, 0
16, 23, 24, 0, 1, 6, 6, 5, 1, 0, 0, 0
17, 27, 28, 0, 1, 6, 8, 7, 1, 0, 0, 0
18, 31, 32, 0, 1, 6, 10, 9, 1, 0, 0, 0
19, 5, 6, 0, 2, 1, 12, 11, 0, 0, 0, 0
20, 6, 7, 0, 2, 2, 12, 11, 0, 0, 0, 0
21, 7, 8, 0, 2, 3, 12, 11, 0, 0, 0, 0
0/
2
1, 188.01, 0.05, 1857.3, 0.3068e−2, 4, 4, 2, 0, 0
0/
0/
1, 1, 1e9, −1e9, 0, 0, 0, 0, 0, 0
0/
0/
1, 1, 5, 0, 1, 0, 1, 1, 0, 0, 0, 0
2, 2, 6, 0, 1, 0, 1, 1, 0, 0, 0, 0
3, 3, 7, 0, 1, 0, 1, 1, 0, 0, 0, 0
4, 4, 8, 0, 1, 0, 1, 1, 0, 0, 0, 0
0/
LOAD
2
0
5, 25, 4, 0, −110, 0
6, 26, 4, 0, −160, 0
```

```
7, 27, 4, 0, −160, 0
8, 28, 4, 0, −110, 0
30, 31, 1, 0, −140, 0
29, 32, 3, 0, −100, 0
0/
2
2, 1, 5, 1, −25, 5.4
2, 6, 6, 1, −20, 5.4
2, 7, 11, 1, −25, 3.0
2, 12, 12, 1, −20, 3.0
2, 13, 17, 1, −25, 5.4
2, 18, 18, 1, −20, 5.4
2, 19, 21, 2, −25, 5.4
2, 20, 20, 1, −25, 3.0
0/
1, 1
0/
EQRA
1, 1850, −1850, 0.02, 0.011706, 0, 0! 1.170342 ∗ 341.7805＝400G
EQAX elct−n＝s
12.540，10.823，10.117，8.827，9.515，12.027，14.227，12.821
```

本章参考文献

[1]　高向宇，周福霖，俞公骅. 多层异型柱框架结构隔震性能的试验研究[J]. 世界地震工程，1997，13(4)：21-27.

[2]　党育，杜永峰，李慧. 基础隔震结构设计及施工指南[M]. 北京：中国水利水电出版社，2007.

[3]　王依群，刘全余，李辉. 基础隔震框架结构的二维模型分析，见房贞政. 防震减灾工程理论与实践新进展[M]. 497-499，北京：中国建筑工业出版社，2009.

[4]　王依群. 平面结构弹塑性地震响应分析软件 NDAS2D 及其应用[M]. 北京：中国水利水电出版社，2006.

第6章 异形柱框架-剪力墙结构中 Z 形柱及其节点计算

Z 形截面柱设计是计划异形柱规程修订增加的内容，为了让设计人员尽快熟悉 Z 形截面柱及其框架节点受剪承载力计算和设计，本章设计了一个例题，通过实例介绍用计算机软件输入模型，计算结构变形和内力的注意事项，并手算演示了 Z 形截面柱梁柱节点受剪承载力计算全过程。

6.1 Z 形截面柱设计注意事项

混凝土结构分析用的有限元软件对柱用两端各有一个结点，每结点六个自由度的直线杆件单元来模拟。建立力学模型时，代表单元的直线取杆件截面形心连线，简称结构单元轴线，并以杆件截面主轴方向为结构单元轴线的主轴方向。目前，建筑专业主导设计市场，另一方面也为了便于使用，结构专业建立的计算机模型要与建筑模型衔接，常用建筑轴线代替结构单元轴线。结构分析时，应该先将这种建筑轴线模型转变为结构轴线模型，包括杆件截面主轴方向的转换（比如 L 形截面主轴与整体结构轴线相差 45°），再进行力学计算，拿这样得到的内力进行配筋设计，才能得到较准确的结果。

Z 形截面柱要连接建筑平面上两根错开的梁，有限元模型中梁两端各有一个结点，由此建筑模型图中 Z 形柱截面范围内至少存在两个点（两根梁的端结点），结构分析时，作为有限元单元的柱单元只有一个轴线（不是截面主轴也行，通过转换可转到截面主轴上），称 Z 形截面柱结构单元轴线上的结点为"主结点"，另外的结点称为"从结点"。主结点和从结点之间用刚性杆件（刚性梁）连接，即作用在从结点上的力通过刚性变换关系传到主结点上去，从实际情况看这个刚性假定也是成立的，因主结点、从结点都在 Z 形截面柱的腹板上，除截面混凝土外，再加上现浇楼板混凝土及其柱内部箍筋作用，能使两点间处于同一刚体关系。有的计算机软件没将 Z 形柱上两结点作为主从刚性关系处理，将其中一结点当作普通梁相交结点，与此结点相连梁的内力没（直接）传给 Z 形柱，而是将力传给柱上两结点间的短梁，再通过此短梁传给其他梁、楼盖和 Z 形柱，造成这根短梁受到很大的力，截面尺寸限制条件不满足要求（超筋），Z 形柱没受到它应该受到的力，大部分的力通过其他梁和楼板传给了其他柱，特别是 Z 形柱上框架节点少接收到与此相连的一根梁传来的节点剪力。由于一般建筑均采用刚性楼板假定，Z 形柱截面中两结点不作为主从刚性关系处理对结构整体变形和内力结果影响可能不是很大，但对 Z 形柱构件和框架节点承载力计算影响很大。针对使用 2011 年 3 月 31 日版本 PKPM-SATWE 软件进行带有 Z 形截面柱工程设计，通过下面例题说明应该如何操作和处理。

6.2 算 例

平面布置较规则的房屋如图 6.2-1 所示，其位于 6 度（0.05g）抗震设防区，Ⅱ类场地，

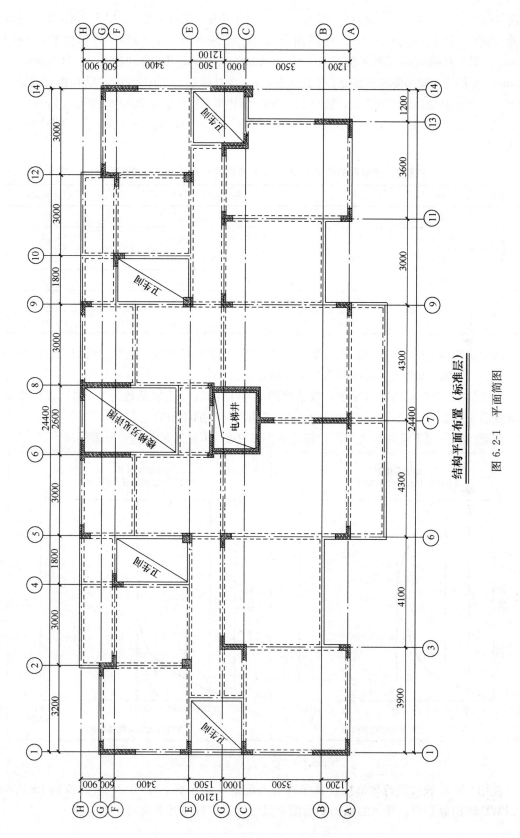

结构平面布置（标准层）

图 6.2-1 平面简图

175

抗震等级为三级，共16层（包括1层地下室），地下室层高3m，第一层层高3m，其余层高均为2.9m，结构总高为43.6m。柱截面为L形、T形和Z形，墙厚、异形柱肢厚均为200mm。异形柱截面的肢厚×肢长尺寸为200mm×450mm；框架梁截面尺寸为200mm×500mm。异形柱、梁和楼板的混凝土等级均为C30；梁柱纵筋为HRB400，箍筋和楼板钢筋为HPB300。屋面和楼面均为现浇板，板厚100 mm。结构重量：楼层$1.2t/m^2$，屋顶$1.15t/m^2$。

使用2011年3月31日版本的PKPM-SATWE软件计算出的结构前6阶自振周期见表6.2-1。

考虑扭转耦联时的振动周期，X、Y方向的平动系数、扭转系数　　表6.2-1

振型号	周期（s）	转角（°）	平动系数（$X+Y$）	扭转系数
1	1.4689	109.67	1.00（0.11+0.89）	0.00
2	1.4472	20.16	0.87（0.77+0.10）	0.13
3	1.2411	16.43	0.13（0.12+0.01）	0.87
4	0.4543	169.62	0.97（0.93+0.03）	0.03
5	0.4357	80.67	0.99（0.03+0.96）	0.01
6	0.3945	17.86	0.04（0.04+0.00）	0.96

结构扭转为主的第一周期T_t与平动为主的第一周期T_1之比$T_t/T_1=1.2411/1.4689=0.8449<0.9$，即满足"高规"第3.4.5的要求。

计算前15阶自振周期情况下，该结构的X方向的有效质量系数为99.51%，Y方向的有效质量系数为99.50%，均大于90%，说明参与叠加振型数足够。

地震组合作用下结构最大层间位移角见图6.2-2，可见满足规程的限值要求。

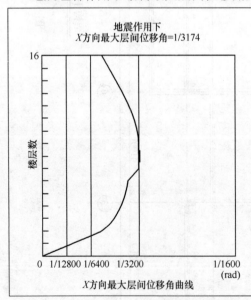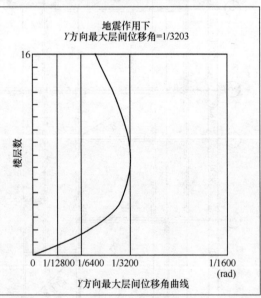

图6.2-2　最大层间位移角

使用CRSC软件进行异形柱及其梁柱节点配筋，图6.2-3为CRSC软件读取PKPM-SATWE输出数据后，显示的结构平面图，其中显示了柱编号和部分梁编号。

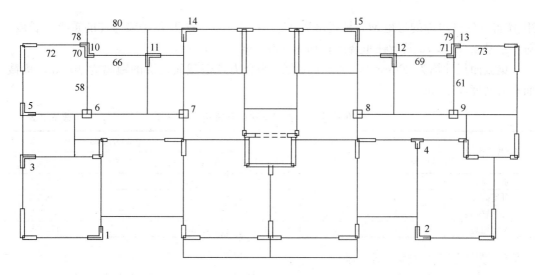

图 6.2-3　CRSC 软件显示的结构平面和部分梁编号（＞20）及柱编号（＜20）

PKPM-SATWE 软件输出的 GOUJIAN.OUT 文件中梁单元信息如下，可见该软件没有刚性梁的信息。CRSC 软件简化处理方法是输入某根梁的属性是刚性梁，由此软件设置 Z 形柱截面上刚性梁两结点间为主从关系，根据之间的刚性关系，就将作用在从结点上的力变换到主结点上。也不必对刚性梁进行配筋计算（但要满足异形柱规程征求意见稿的构造要求），因整个梁在 Z 形柱截面之内（它本来就不是梁，只是两结点间的刚性连接关系），这样也不会出现刚性梁超筋现象。

对于 Z 形柱，如图 6-3 中 10、13 号柱，要将 GOUJIAN.OUT 文件中 70、71 号梁的数据中

梁编号	塔号	截面号	转角	材料	强度等级	起点铰信息	终点铰信息	调幅	连梁	转换梁	门式钢梁	耗能梁
70	1	14	0.000	1	30	0	0	1	0	0	0	0
71	1	14	0.000	1	30	0	0	1	0	0	0	0

改为下面样子：

70	1	14	0.000	1	30	0	0	1	0	0	1	0
71	1	14	0.000	1	30	0	0	1	0	0	1	0

即倒数第二个数由 0 改为 1，表示是刚性梁，这样 CRSC 就会认为与该梁两端点相连的梁内力均全部传给梁下的柱节点，否则只有与该梁一个端点相连的梁内力传给梁下的柱节点，柱节点剪力就算小了。即本来受到两根梁传来的剪力，变成了只受一根梁传来的剪力。注意有 Z 形柱的楼层都要改！

以下是节点受剪承载力手算过程。由图 6.2-4 可见柱截面尺寸和与其搭接的柱号。从 SATWE 计算的内力结果文件 wwnl2.out 中取得相关梁端的内力 M、V 见表 6.2-2。其表中折减后 M 是指折减梁端点的弯

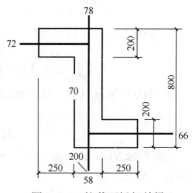

图 6.2-4　柱截面板相关梁

矩 M 得到的柱边缘的弯矩 M，即折减后 $M=M-V\times L$，这里 L 是梁与柱的重叠区长度。对于水平梁 66 和 72 其与柱重叠区长均为 350 mm（图 6.2-4）。

梁截面尺寸均为 200mm×500mm，设纵筋合力点至截面边缘的距离为 40mm，梁截面有效高度 460mm。

二层第 10 号柱左、右侧梁端单元弯矩（kN·m）　　　表 6.2-2

荷载或作用	梁 72 的 j 端			梁 66 的 i 端		
	M (kN·m)	V (kN)	折减后 M	M (kN·m)	V (kN)	折减后 M
永久荷载	13.0	2.1	12.265	−6.7	17.4	−0.61
可变荷载	1.7	−0.1	1.665	−1.8	3.7	−0.505
X 向风荷载	−33.1	26.8	−23.72	40.6	27.9	30.835
X 向地震	−19.7	15.9	−14.135	23.7	16.3	17.995

21 号内力组合（恒＋活＋风）

　　1.2×永久荷载效应＋0.98×可变荷载效应−1.4×X 向风荷载效应

梁 72 的 j 端的 21 号组合弯矩为：

　　$1.2\times12.265+0.98\times1.665+1.4\times23.72=14.718+1.632+33.208=49.558$

梁 66 的 i 端的 21 号组合弯矩为：

　　$-(1.2\times0.61+0.98\times0.505+1.4\times30.835)=-(0.732+0.495+43.169)=-44.396$

节点两侧梁端弯矩方向如图 6.2-5 所示，由顺时针方向求和得，$\sum M_{\mathrm{b}}=49.558+44.676=93.954\mathrm{kN\cdot m}$

29 号内力组合（恒＋活＋地震）

　　1.2（永久荷载效应＋0.5×可变荷载效应）−1.3×X 向水平地震作用效应

梁 72 的 j 端的 29 号组合弯矩为：

　　$1.2\times12.265+0.6\times1.665+1.3\times14.135=14.718+0.999+18.376=34.093$

梁 66 的 i 端的 29 号组合弯矩为：

　　$-(1.2\times0.61+0.6\times0.505+1.3\times17.995)=-(0.732+0.303+23.394)=-24.429$

节点两侧梁端弯矩方向如图 6.2-5 所示，由顺时针方向求和得，$\sum M_{\mathrm{b}}=34.093+24.429=58.522\mathrm{kN\cdot m}$

由该层层高 3 m，上一层层高 2.9 m，知该节点上下层柱反弯点间距离 2.95 m。于是：

$$\frac{1}{h_{\mathrm{b0}}-a'}\left(1-\frac{h_{\mathrm{b0}}-a'}{H_{\mathrm{c}}-h_{\mathrm{b}}}\right)=\frac{1}{420}\left(1-\frac{420}{2950-500}\right)=1.9728$$

21 号内力组合（恒＋活＋风），节点剪力为：

$$V_j=\frac{\sum M_{\mathrm{b}}}{h_{\mathrm{b0}}-a'}\left(1-\frac{h_{\mathrm{b0}}-a'}{H_{\mathrm{c}}-h_{\mathrm{b}}}\right)=1.9728\times93.954=185.35\mathrm{kN}$$

29 号内力组合（恒＋活＋地震），考虑三级抗震等级框剪结构，则节点剪力为：

$$V_j=1.1\frac{\sum M_{\mathrm{b}}}{h_{\mathrm{b0}}-a'}\left(1-\frac{h_{\mathrm{b0}}-a'}{H_{\mathrm{c}}-h_{\mathrm{b}}}\right)=1.1\times1.9728\times58.522=126.997\mathrm{kN}$$

现为翼缘方向，$h_{\mathrm{c}}=h_{\mathrm{c}}'=450\mathrm{mm}$，由异形柱规程征求意见稿[1]表 5.3.2-2 得截面高度影响系数 $\zeta_{\mathrm{h}}=1.0$。

由异形柱规程[1]表 5.3.4-1，用 0.5×800 代替 b_{f} 查表得正交肢影响系数 $\zeta_{\mathrm{v}}=1.0+$

$200\times0.05/300=1.033$，且此截面属于不等肢Z形截面，并属于异形柱规程表5.3.4-2中C类，$\zeta_v=1.0+$（$1.033-1$）$\times400/450=1.03$。

因是普通钢筋混凝土，以下公式中的纤维增强系数α均取1。

恒载、活载及风载组合下的截面限制条件

$$V_j\leqslant0.26\alpha\zeta_h\zeta_vf_cb_jh_j=0.26\times1\times1.0\times1.03\times14.3\times200\times(450+450)$$
$$=689.317kN>185.35kN$$

满足要求。

当只算一肢时，恒载、活载及风载组合下的截面限制条件：

$$V_j\leqslant0.26\alpha\zeta_h\zeta_vf_cb_jh_j=0.26\times1\times1.0\times1.03\times14.3\times200\times450=344.657kN$$

344.657 kN 也远大于单肢翼缘所受的剪力。

地震作用下上层柱底压力为 $N=1245950N$，轴压比 $n=N/$（f_cA）$=1245950/$（14.3×260000）$=0.335$，查异形柱规程表5.3.2-1得 $\zeta_N=0.993$。

由此，有地震作用组合的截面限制条件制约的最大剪力为：

$$V_j\leqslant\frac{0.21}{\gamma_{RE}}\alpha\zeta_N\zeta_h\zeta_vf_cb_jh_j=0.21\times1\times0.993\times1.0\times1.03\times14.3\times200\times(450+450)/0.85$$
$$=650.422kN$$

其大于作用的剪力 126.997kN，故满足要求。

因是三级抗震，短柱，箍筋直径选用8mm，双肢，由箍筋体积配箍率不小于1.2%要求确定箍筋间距93mm。又因 $N>0.3f_cA$，无地震作用组合时，由异形柱规程式（5.3.3-1）混凝土项抗力为：

$$V_{jc}=1.38\alpha\left(1+\frac{0.3N}{f_cA}\right)\zeta_h\zeta_vf_tb_jh_j$$
$$=1.38\times1\times(1+0.09)\times1\times1.03\times1.43\times200\times(450+450)=398.80kN$$

地震作用组合时，由异形柱规程式(5.3.3-2)混凝土项抗力为：

$$V_{jc}=1.1\alpha\zeta_N\left(1+\frac{0.3N}{f_cA}\right)\zeta_h\zeta_vf_tb_jh_j/0.85$$
$$=1.1\times1\times0.993\times(1+0.09)\times1\times1.03\times1.43\times200\times(450+450)/0.85$$
$$=371.36kN$$

现作用的剪力 185.905kN、126.997kN 小于此，箍筋间距按构造要求配为与柱端加密区箍筋同：直径8mm、间距93mm，即体积配箍率1.2%。

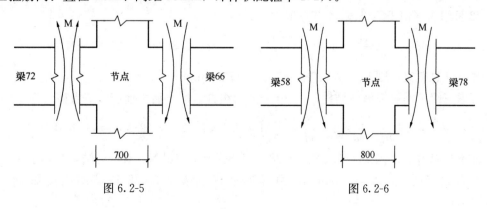

图 6.2-5　　　　　　　　　　　　　图 6.2-6

因柱一端是悬臂梁，对节点剪力贡献很小，可不考虑，但编程时很难判断柱一端是悬臂梁，故这里也当作非悬臂梁处理，也考察下这样做误差有多大。

对于下、上梁 58 和 78 其与柱重叠区长分别为 400、100 mm（图 6.2-4）。

二层第 10 号柱上、下侧梁端单元弯矩（kN·m）　　　表 6.2-3

荷载或作用	梁 58 的 j 端			梁 78 的 i 端		
	M（kN·m）	V（kN）	折减后 M	M（kN·m）	V（kN）	折减后 M
永久荷载	−25.4	33.1	−12.16	−13.3	17.4	−11.56
可变荷载	−5.2	6.8	−2.48	−2.1	2.6	−1.84
Y 向风荷载	−63.0	31.7	−50.32	0.4	0.5	0.35
X 向地震	−21.0	10.6	−16.76	−0.3	0.4	−0.26

22 号内力组合（恒＋活＋风）

　　$1.2 \times$永久荷载效应＋$0.98 \times$可变荷载效应＋$1.4 \times Y$ 向风荷载效应

梁 58 的 j 端的 21 号内力组合弯矩为：

　　$-(1.2 \times 12.16 + 0.98 \times 2.48 + 1.4 \times 50.32) = -(14.592 + 2.43 + 70.448) = -87.47$

梁 78 的 i 端的 21 号内力组合弯矩为：

　　$-(1.2 \times 11.56 + 0.98 \times 1.84 - 1.4 \times 0.35) = -(13.872 + 1.803 - 0.49) = -15.185$

节点两侧梁端弯矩方向如图 6.2-6 所示，由顺时针方向求和得，$\sum M_b = 87.47 - 15.185 = 72.285 \mathrm{kN \cdot m}$，如不计悬臂梁（梁$>8$），则$\sum M_b = 87.47 \mathrm{kN \cdot m}$。

30 号内力组合（恒＋活＋地震）$1.2D + 0.6L + 1.3E_y$

梁 58 的 j 端的 30 号内力组合弯矩为：

　　$-(1.2 \times 12.16 + 0.6 \times 2.48 + 1.3 \times 16.76) = -(14.592 + 1.488 + 21.788) = -37.868$

梁 78 的 i 端的 30 号内力组合弯矩为：

　　$-(1.2 \times 11.56 + 0.6 \times 1.84 + 1.3 \times 0.26) = -(13.872 + 1.104 + 0.388) = -15.314$

节点两侧梁端弯矩方向如图 6.2-6 所示，由逆时针方向求和得，$\sum M_b = 37.868 - 15.314 = 22.554 \mathrm{~kN \cdot m}$，如不计悬臂梁，则$\sum M_b = 37.868 \mathrm{kN \cdot m}$。

由该层层高 3 m，上一层层高 2.9 m，知该节点上下层柱反弯点间距离 2.95 m。于是

$$\frac{1}{h_{b0} - a'}\left(1 - \frac{h_{b0} - a'}{H_c - h_b}\right) = \frac{1}{420}\left(1 - \frac{420}{2950 - 500}\right) = 1.9728$$

22 号组合（恒＋活＋风），节点剪力为：

$$V_j = \frac{\sum M_b}{h_{b0} - a'}\left(1 - \frac{h_{b0} - a'}{H_c - h_b}\right) = 1.9728 \times 72.285 = 142.604 \mathrm{kN}$$

如不计悬臂梁，则 $V_j = 1.9728 \times 87.47 = 172.56 \mathrm{kN}$

考虑三级抗震等级框剪结构，则 30 号内力组合（恒＋活＋地震）节点剪力为：

$$V_j = 1.1\frac{\sum M_b}{h_{b0} - a'}\left(1 - \frac{h_{b0} - a'}{H_c - h_b}\right) = 1.1 \times 1.9728 \times 22.554 = 48.944 \mathrm{kN}$$

如不计悬臂梁，则 $V_j = 1.1 \times 1.9728 \times 37.868 = 82.18 \mathrm{kN}$，对最终结果影响不大。

现为腹板方向，$h_j = 800 \mathrm{mm}$，由异形柱规程表 5.3.2-2 得截面高度影响系数 $\zeta_h = 0.85$。

由异形柱规程表 5.3.4-6，正交肢影响系数 $\zeta_v = 1.0$。

恒载、活载及风载组合下的截面限制条件：

$$V_j \leqslant 0.26\alpha\zeta_h\zeta_v f_c b_j h_j = 0.26 \times 1 \times 0.85 \times 1.0 \times 14.3 \times 200 \times 800 = 505.648\text{kN}$$

地震作用下上层柱底压力为 $N = 1245950\text{N}$，轴压比 $n = N/(f_c A) = 1245950/(14.3 \times 260000) = 0.335$，查异形柱规程表 5.3.2-1 得 $\zeta_N = 0.993$。

由此，有地震作用组合的截面限制条件制约的最大剪力为：

$$V_j \leqslant \frac{0.21}{\gamma_{RE}}\alpha\zeta_N\zeta_h\zeta_v f_c b_j h_j$$

$$= 0.21 \times 1 \times 0.993 \times 0.85 \times 1.0 \times 14.3 \times 200 \times 800/0.85 = 477.088\text{kN}$$

其大于作用的剪力 48.944kN，故满足要求。

因是三级抗震，箍筋直径选用 8mm，双肢。因 $N > 0.3f_c A$，无地震作用组合时，由异形柱规程式（5.3.3-1）混凝土项抗力为：

$$V_{jc} = 1.38\alpha\left(1 + \frac{0.3N}{f_c A}\right)\zeta_h\zeta_v f_t b_j h_j$$

$$= 1.38 \times 1 \times (1 + 0.09) \times 0.85 \times 1.0 \times 1.43 \times 200 \times 800 = 292.54\text{kN}$$

地震作用组合时，由异形柱规程式（5.3.3-2）混凝土项抗力为：

$$V_{jc} = 1.1\alpha\zeta_N\left(1 + \frac{0.3N}{f_c A}\right)\zeta_h\zeta_v f_t b_j h_j /0.85$$

$$= 1.1 \times 1 \times 0.993 \times (1 + 0.09) \times 0.85 \times 1.0 \times 1.43 \times 200 \times 800/0.85$$

$$= 272.41\text{kN}$$

现作用的剪力 142.604、48.944kN 小于此，箍筋间距按构造要求配为与柱端加密区箍筋同：直径 8mm、间距 93mm，即体积配箍率 1.2%。

以上演示了手算 Z 形柱框架节点受剪承载力计算过程，希望对读者有所帮助。

本章参考文献

[1] 混凝土异形柱结构技术规程征求意见稿，2012，国家工程建设标准化信息网，http://www.risn.org.cn/